ON-LINE
동영상강좌
WWW.IKAIS.COM
저자 직강

SERIES
01

최근 출제경향을 완벽하게 분석한 **건축사자격시험대비**

대지계획

김영훈 · 김보근 · 원미영
김보선 · 정선교   공저

ARCHITECTURE

본 교재는 과목별로 3권으로 나뉘며, 과목마다 소과제별로 출제기준 및 핵심정리,
이론 및 계획, 익힘문제 및 연습문제를 수록하여 자가학습이 가능하도록 하였다.

- [1권-대지계획] 대지와 연관된 내용을 평가하며, 대지분석 · 대지조닝 · 지형계획 ·
  대지단면 · 대지주차 · 배치계획을 다룬다.
- [2권-건축설계1] 각 실별 기능 구성과 관련된 사항을 평가하며, 평면설계를 주로 다룬다.
- [3권-건축설계2] 건물 구성의 기술적 측면을 평가하며, 단면설계 · 계단설계 · 지붕설계 ·
  구조계획 · 설비계획을 다룬다.

예문사

서언

건축설계는 대지를 읽는 초기단계에서부터 건축설계자의 사고, 건축주의 요구사항, 건축개념의 설정 등을 거치며 물리적 형태로 만들어가기 위한 일련의 설계작업을 말한다. 이 과정은 기획, 계획, 설계 등의 단계로 나누어 볼 수 있는데, 건축사 자격시험에서는 계획과 설계의 기본능력을 평가하고 검증한다. 건축사로서 지녀야 할 설계업무의 기본적 능력을 크게 대지 및 건물과 관련하여 분류하고 다시 각각에 해당하는 소과제 형식으로 세분화하여 문제를 출제하게 되는 것이다.

따라서 본 교재는 각 과목별로 제1권 [대지계획], 제2권 [건축설계 1], 제3권 [건축설계 2]로 분권하여, 해당 과목 안에서 소과제별로 출제기준, 이론 및 계획, 익힘문제 및 연습문제를 수록함으로써 자가학습이 가능하도록 구성하였다.

[대지계획]은 대지와 연관된 내용을 세부적으로 나누어 평가하며, 대지분석 · 대지조닝 · 지형계획 · 대지단면 · 대지주차 · 배치계획이 그 내용에 해당한다.

[건축설계 1]은 건축설계의 가장 중요한 내용으로서 각 실별 기능 구성과 관련된 사항을 평가하는데, 평면설계가 그 내용에 해당한다.

[건축설계 2]는 건물을 구성하는 기술적 측면의 내용을 세부적으로 나누어 평가하는데, 단면설계 · 계단설계 · 지붕설계 · 구조계획 · 설비계획이 그 내용에 해당한다.

이러한 구성적 특징과 더불어 이론의 정립과 문제의 접근방법 등을 최대한 이해하기 쉽도록 저술하는 데 초점을 맞추었으며, 실전에 바로 적용할 수 있는 계획 프로세스를 수록하고 있다는 것이 이 책의 가장 큰 장점이자 특징이라 할 수 있다.

오랜 동안의 강의경험을 바탕으로 수험생들에게 가장 효과적인 안내서가 될 수 있는 교재를 만들고자 최선의 노력을 기울였으나 미비한 점이 없지 않을 것이다. 독자들의 애정 어린 질책과 격려를 바탕으로 더 좋은 교재로 다듬어나갈 것을 약속드리며, 출간을 위해 많은 도움을 주신 카이스에듀와 도서출판 예문사에 감사의 인사를 전한다.

끝으로, 건축사 자격시험은 좋은 교재의 선택도 중요하지만 수험생 각자의 의지와 노력이 가장 중요하다는 것을 기억하고 이 교재를 길잡이 삼아 부디 좋은 결실을 거두길 바란다.

저자 일동

목차

Contents

범례

1. 개요

출제기준

각소과제별로 법령에 공지된 출제 기준 및 출제유형을 수록하여 평가요소가 무엇인지 이해할 수 있도록 하였다.

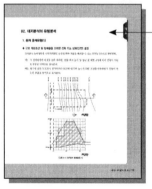

출제유형

각 소과제별로 공지된 출제유형을 수록하여 수험준비 방향을 제시할 수 있도록 하였다.

2. 이론 및 계획

각 소과제를 해결하기 위한 Data를 수록하여 시험에서 다루어질 수 있는 내용을 정리하였으며 문제를 해결하기 위한 계획방향을 제시함으로써 각 문제의 계획프로세스 구축이 용이하도록 하였다.

3. 익힘문제 및 해설

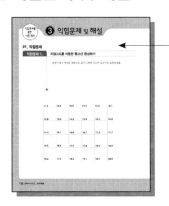

○─ 익힘문제

소과제의 문제를 풀기 위해서는 이론과 계획에서 다루어졌던 내용을 응용하여야 한다.
이때 각 문제의 작은 단위를 이해할 수 있도록 구성한 것이 익힘문제이다.

4. 연습문제 및 해설

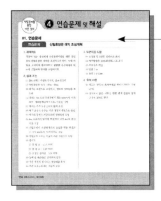

○─ 연습문제

익힘문제의 소단위를 조합하면 연습문제가 된다. 연습문제는 계획 Process에 따라 접근하는 것이 계획 시간의 단축과 실수를 줄일 수 있는 방법이다. 또한 연습문제에서는 출제유형을 이해하도록 한다.

제1장

대지분석 및 조닝

① 개요

01. 대지분석의 출제기준

⊙ 과제개요

'대지분석'과제는 법규에 의한 건축물의 규모 제한과 각종 장애물을 고려하여 평면 또는 단면의 크기와 모양을 계획하는 과제로서, 제한조건을 합리적으로 해석하여 적정 건물규모(평면 또는 단면의 크기 및 모양)를 결정할 수 있는 능력을 측정한다. 이 과제는 대지조닝과 함께 종합적으로 출제될 수도 있다.

⊙ 주요 제한조건

① 건축선, 사선제한, 일조권, 건폐율, 건물최고높이 등 법규상 제한조건
② 인접 도로 레벨 차 및 경사, 문화재 인접, 공동구 대지 관통 등 장애물

이 기준은 건축사자격시험의 문제출제 및 선정위원에게는 출제의 중심 내용과 방향을 반영하도록 권고·유도하고, 응시자에게는 출제유형을 사전에 파악하게 하기 위한 것입니다. 그러나 문제출제 및 선정위원에게 이 기준의 취지를 문자 그대로 반영하도록 강제할 수 없으므로, 응시자는 이 점을 참고하여 시험에 대비하시기 바랍니다.

－건설교통부 건축기획팀(2006. 2)

02. 대지분석의 유형분석

1. 문제 출제유형(1)

✚ 규모 제한조건 및 장애물을 고려한 건축 가능 범위(단면) 결정

건축물의 높이제한과 이격거리확보 규정에 따라 건물을 배치할 수 있는 부분을 단면으로 확인한다.

예1. 각 경계선에서 지상층 건축 후퇴선, 건물 최고 높이 등 법규 및 제반 규정에 따라 건축이 가능한 부분을 단면으로 표시한다.

예2. 대지에 접한 도로면이 경사지거나 도로와 대지의 높이가 다른 조건을 만족하면서 건축이 가능한 부분을 단면으로 표시한다.

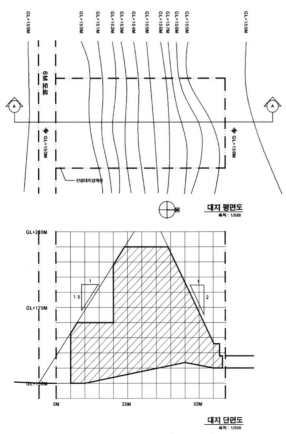

[그림 1-1 대지분석 출제유형 1]

2. 문제 출제유형(2)

✚ 건축 가능한 층고 및 층별 평면 면적 산정

대지의 내·외부에 존재하는 장애물이나 건폐율 등 평면을 제한하는 규정에 따라 건물을 배치할 수 있는 영역을 측정한다.

예1. 문화재가 인접하고 공동구가 대지를 관통하는 계획 대지에서 여러 조건을 만족하면서 건축이 가능한 범위를 표시한다.

예2. 층별 층고를 제시한 후 층별로 가능한 수평투영면적을 표시한다.

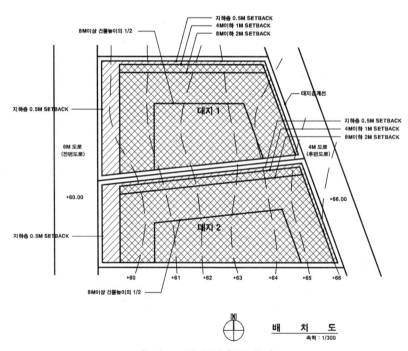

[그림 1-2 대지분석 출제유형 2]

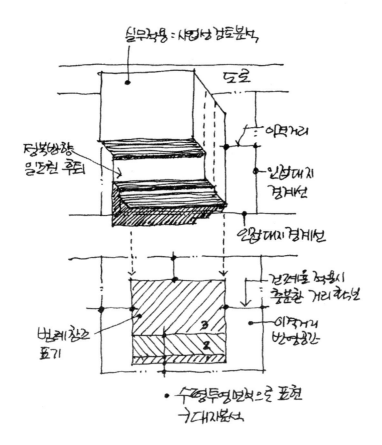

[그림 1-3 대지분석의 개념]

03. 대지조닝의 출제기준

⊙ 과제개요

'대지조닝'과제의 주요 내용은 건축물의 규모 제한조건을 고려한 최대 건물 규모(높이)를 계획하는 것으로서, 규모 제한조건을 합리적으로 해석하여 건물높이를 결정하고 이를 일정한 규격의 도면(대지 종·횡 단면도 등)에 표현하는 능력을 측정하는 것이다. 이 과제는 대지분석과 함께 종합적으로 출제될 수도 있다.

⊙ 주요 규모 제한조건

① 건축선, 사선제한, 일조권, 용적률, 층수, 지역지구제 등 법규상 제한조건
② 지형, 지반조건, 지하수위, 홍수위, 지하매설물, 일조, 일영 등 계획적 제약조건

04. 대지조닝의 유형분석

1. 문제 출제유형(1)

✚ 규모 제한조건을 고려한 단면상 건축 가능 범위(층수 등) 결정

법규상의 높이 제한, 이격거리 제한, 지반고의 차이, 기타 계획조건을 고려하여 건축이 가능한 단면상 범위를 결정하는 기본능력을 평가한다.

예1. 계획대지의 등고선 또는 전면도로의 너비에 따른 각종 높이 제한과 사선제한 등 법규상의 제한과 지반조건, 지하수위, 홍수위, 지하매설물, 일조, 일영 등 계획적인 제약을 만족시키면서 건축 가능한 공간의 크기를 단면으로 나타낸다.

예2. 층고를 명시하여 건물의 층수를 결정하거나, 건축이 가능한 지하층의 규모를 검토한다.

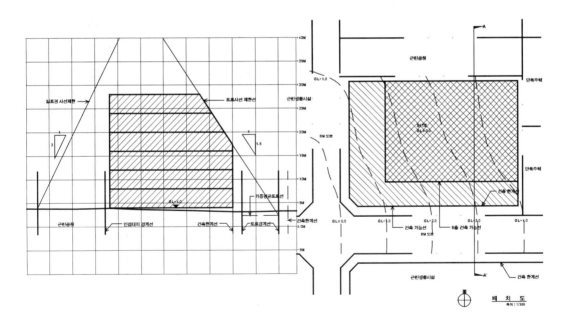

[그림 1-4 대지조닝 출제유형 1]

2. 문제 출제유형(2)

✚ 가상 지표면을 기준으로 건축 가능한 건물의 규모 결정

인접한 도로와 대지 지표면의 높이 차이로 생기는 가상 도로면과 가상 지표면을 설정하고, 가상 지표면을 기준으로 건축 가능한 건물의 규모를 결정하는 능력을 평가한다.

예1. 일반주거지역 안의 도로에 접하는 두 인접대지에 대하여 각종 후퇴거리와 높이제한, 제시된 층고 등을 만족시키는 건축이 가능한 범위를 배치도에 지상과 지하로 나누어 표시한다.

예2. 도로와 계획대지의 경사도, 지표면의 높이 차 등을 만족시키는 건축이 가능한 범위를 배치도에 표시한다.

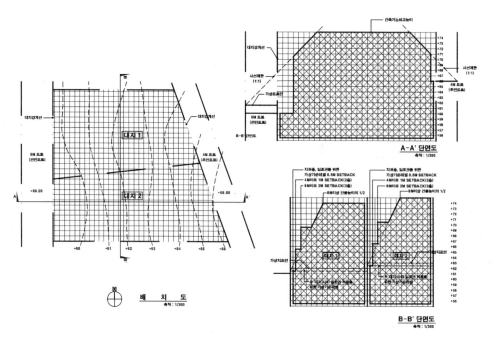

[그림 1-5 대지조닝 출제유형 2]

3. 문제 출제유형(3)

✚ 경사 대지 내 인동거리 등을 고려한 건축가능 범위 결정

건축규모 제한에 관한 법규를 대지에 적용하여 건축이 가능한 최대 규모를 파악한 다음, 이 규모가 건축적으로 적정한지를 검토하는 능력을 평가한다.

예1. 도로 및 일조권에 따른 높이제한 규정, 인접대지 경계선에서 이격거리, 건축후퇴선 등을 만족 하면서, 제시된 층수가 경사진 대지에 지어질 수 있는 규모를 대지 단면도에 표시한다.

예2. 고저차가 큰 대지 안에 공동주택 등 2동 이상의 건물을 계획할 경우 최소 인동거리를 검토하여 건축이 가능한 범위를 표시한다.

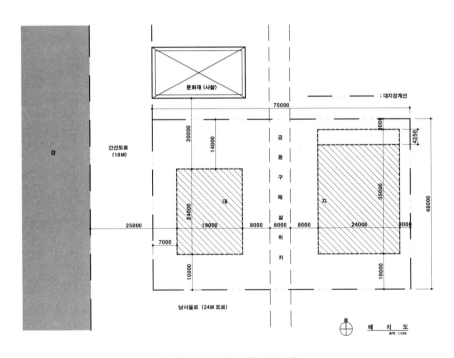

[그림 1-6 대지조닝 출제유형 3]

② 이론 및 계획

01. 대지분석 및 조닝 이해

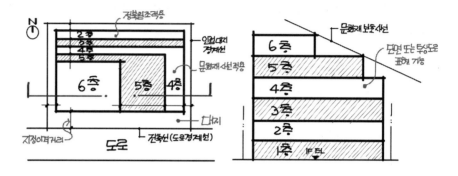

[그림 1-7 대지분석]　　　　　[그림 1-8 대지조닝]

● 건축선

건축선은 건축물 설치가 가능한 구획선이며, 원칙적으로 대지와 도로의 경계선으로 한다. 아래의 경우 건축선이 따로 지정 또는 후퇴 될 수 있다.
① 구시가지 등의 소요폭 미달 도로에서의 도로너비 확보
② 도로 모퉁이에서의 시야 확보
③ 도시계획 예정 도로선

● 건축한계선

건축물이 넘을 수 없는 선

● 건축지정선

건축물의 위치를 지정해 놓은 선

● 벽면한계선

일정 벽면(ex. 1~3층)이 넘을 수 없는 선

● 벽면지정선

일정 벽면(1~3층)의 위치를 지정해 놓은 선

● 대지경계선

인접대지 및 기타공지와의 경계선과 도로경계선을 포함하여 말한다.

1) 대지의 정의

지적법에 의하여 각 필지로 구획된 토지로 하나의 토지를 1대지로 보는 것을 원칙으로 하며, 건축행위가 이루어질 수 있는 일단의 토지를 말한다.

2) 현황 도로경계선

현재 설치되어 있는 도로의 경계선으로 건축법령에 적합하지 않을 수도 있으며 건축법령에 정의된 폭 이상시는 건축선(건축한계선)으로 인정한다.

3) 도시계획 예정 도로경계선

장래의 도시계획적 차원에서 예정된 도로의 계획선으로 건축선(건축한계선)으로 인정되며 대지면적에서 제외되며 건축물 또는 시설물의 설치가 불가하다.

4) 건축지정선

시가지에서 건축물의 위치를 정비하거나 환경을 정비하기 위하여 지방자치단체에서 지정한 선으로 대지면적에 포함되고 건축물 또는 시설물 설치 불가하며 차후 해제의 소지가 있다. 미관지구 안에서는 4m 이내, 지구단위 계획구역 내에서는 2m 범위 내에서 지정 가능하다.

5) 인접대지경계선

대지와 대지사이의 경계선으로 대지면적을 구획하는 기준선을 말한다.

6) 건축이격거리

건축법령(일조권, 대지안의 공지 등), 기타법령(문화재보호법, 위험물저장 및 처리법 등) 또는 자연적영향(홍수범람주기, 조수간만차 등), 사회적 관습 등에 의하여 이격하여야 하는 거리 등이 있다.

NOTE

02. 대지현황 분석

1. 대지구획의 정리

(1) 도로

1) 정의

① "도로"라 함은 보행 및 자동차 통행에 가능한 너비 4m 이상의 도로를 말한다 (법 제2조 1항 11호). 단, 지형적 조건으로 자동차 통행이 불가능한 경우와 막다른 도로를 포함한다.

② 예외도 있지만 특별한 경우를 제외하고는 보행만 가능하거나 자동차 통행만 가능한 도로는 건축법에 따라 도로로 보지 않는다.

③ 따라서, 보행자 전용도로, 자동차 전용도로, 고가도로, 고속도로, 지하차도 등은 건축법상 도로가 아니며 이와 같은 도로에 접한 대지에는 건축을 할 수 없다.

(2) 막다른 도로

1) 정의

① 통과도로에 해당하지 않는 막다른 도로의 경우를 말한다.

② 막다른 도로는 다음의 기준을 따른다.

[표 1-1] 막다른 도로에서의 건축선

막다른 도로의 길이	도로의 너비
10m 미만	2m
10m 이상 35m 미만	3m
35m 이상	6m(도시 지역이 아닌 읍, 면은 4m)

(3) 도로모퉁이 건축선

1) 정의

① 도로와 도로가 만나는 부분의 건축선 기준을 말한다.

② 너비 8미터 미만인 도로의 모퉁이에 위치한 대지의 도로모퉁이 부분의 건축선은 그 대지에 접한 도로경계선의 교차점으로부터 도로경계선에 따라 다음의 표에 의한 거리를 각각 후퇴한 2점을 연결한 선으로 한다.

● **막다른 도로의 길이**

산정도로길이 산정은 도로중심

● **도로의 화폭**

도로의 반대쪽에 경사지, 하천, 철도, 선로부지, 그 밖에 이와 유사한 것이 있는 경우에는 그 경계선에서 소요너비에 해당하는 수평거리의 선을 건축선으로 한다.

[표 1-2] 도로 모퉁이 건축선

도로의 교차각	당해 도로의 너비(L)		교차되는 도로의 비(D)
	6m≤L<8m	4m≤L<6m	
90°미만	4m	3m	6m≤D<8m
	3m	2m	4m≤D<6m
90°이상 120°미만	3m	2m	6m≤D<8m
	2m	2m	4m≤D<6m

(4) 도시계획 예정도로

1) 정의

① 도시계획도로로 예정 고시된 도로를 말한다.

② 도시계획 예정도로도 건축법상의 도로이다.

(5) 도로의 확폭

1) 건축선 정의

① 도로와 접한 부분에 건축물을 건축할 수 있는 선[이하 "건축선(建築線)"이라 한다]은 대지와 도로의 경계선으로 한다.

② 특별자치시장·특별자치도지사 또는 시장·군수·구청장은 시가지 안에서 건축물의 위치나 환경을 정비하기 위하여 필요하다고 인정하면 제1항에도 불구하고 대통령령으로 정하는 범위에서 건축선을 따로 지정할 수 있다.

2) 건축선의 지정

① 법적지정 소요너비에 못 미치는 너비의 도로인 경우에는 그 중심선으로부터 그 소요 너비의 2분의 1의 수평거리만큼 물러난 선을 건축선 한다.

② 그 도로의 반대쪽에 경사지, 하천, 철도, 선로부지, 그 밖에 이와 유사한 것이 있는 경우에는 그 경사지 등이 있는 쪽의 도로경계선에서 소요 너비에 해당하는 수평거리의 선을 건축선으로 한다.

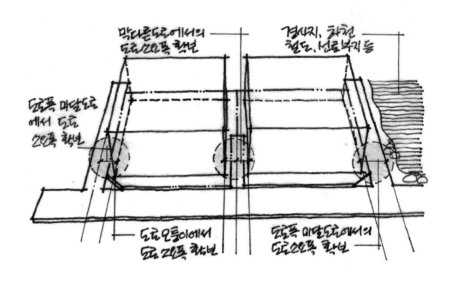

[그림 1-9 건축선의 지정]

2. 대지 외부 현황

(1) 방위

대지 및 주변의 방위는 건축물 높이에 영향을 미치므로 지역지구와 더불어 면밀히 검토되어야 한다.

특히 정북방향이 대지의 직각축과 틀어져 있는 경우 이격거리의 비례를 이해하여 정확한 거리를 산정한다.

① 5 : 4 : 3 비례

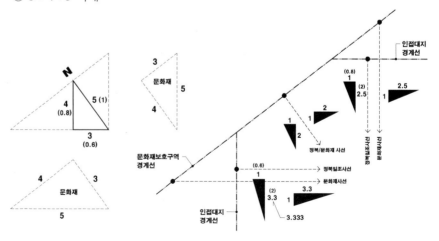

[그림 1-10 정북방향이 5 : 4 : 3 틀어진 경우]

② 45° 비례

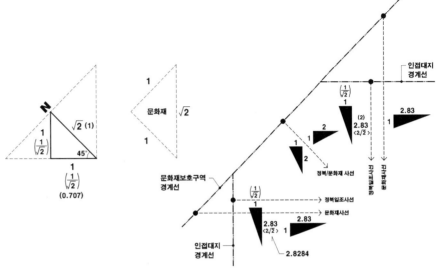

[그림 1-11 정북방향이 45° 틀어진 경우]

③ 30°, 60° 비례

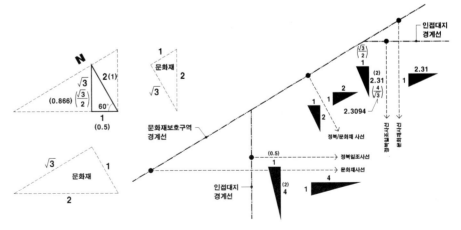

[그림 1-12 정북방향이 30°, 60° 틀어진 경우]

●가로구역높이

가로구역 높이는 지정된 가로에 서만 반영한다.

(2) 도로

도로에 의한 높이제한은 가로구역 높이를 적용하며 적용레벨은 지표면과 도로면의 레벨을 적법하게 적용하도록 한다.

1) 수평의 도로면

수평의 도로면은 해당 도로면을 기준으로 계획대지 지표면과의 적용레벨을 검토한다.

2) 경사진 도로면

건축물이 위치한 대지에 접하는 전면도로의 노면에 고저차가 있는 경우에 당해 건축물이 접하는 범위의 전면도로부분의 수평거리에 따라 가중평균한 높이의 수평면을 전면도로면으로 본다.

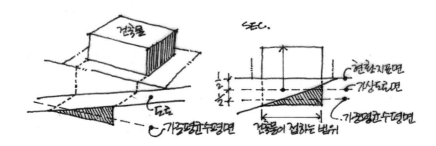

[그림 1-13 도로의 가중평균 수평면과 가상도로면]

(3) 주변현황

1) 주변 현황의 파악

주변의 상황에 따라 정북일조의 적용, 완화, 배제 등이 결정될 수 있으며 문화재 등은 별도의 건축물 높이제한의 기준을 적용하여야 한다.

2) 주변현황의 세부 검토

① 대지

인접대지가 접한 경우가 가장 일반적이며 전용주거지역, 일반주거지역의 경우 정북일조를 적용하게 된다.

② 공지

　• 공지는 하천, 공원, 녹지 등을 말하며 정북일조 적용시 완화조건이 된다.

　• 대지안의 공지 규정 적용에서 완화조건이 되기도 한다.

③ 문화재

　• 문화재 보호 사선에 의한 건축물 높이제한을 적용하되, 적용 기준은 제시조건을 따른다.

　• 문화재 보호구역 경계선 및 지표면 레벨을 파악한다.

④ 위험물 저장소

　위험물 저장소의 경우 요구된 이격거리를 반영하여 건축가능 영역을 산정한다.

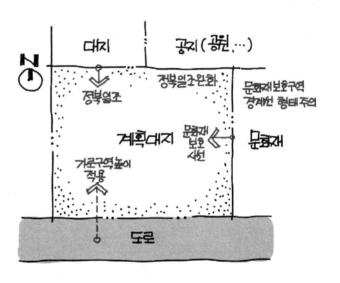

[그림 1-14 주변현황과 적용조건 분석]

3. 대지 내부 현황

(1) 지역지구

① 계획대지가 전용주거지역 및 일반주거지역일 경우 정북일조를 적용하게 된다. 이때, 정북방향의 인접대지도 전용주거지역 또는 일반주거지역일 때에 한한다.

② 전용주거지역 및 일반주거지역이 아니더라도 공동주택의 경우에는 채광사선을 적용하게 된다. 단, 중심상업지역 및 일반상업지역은 제외이다.

③ 지역 지정에 따른 건폐율, 용적률을 반영하여 건물규모를 계획하여야 한다.

● 건폐율 적용

층수가 적은 부분부터 제외시킴

(2) 지형

1) 지형의 파악

① 건축물 높이를 검토하기 위한 지표면은 건축물이 접한 둘레의 지표면을 기준으로 산정하므로 제시된 대지경계선으로부터 이격거리를 반영하여 건축물의 위치를 결정한다.

② 지반에 접한 건축물 각 부분의 레벨을 파악한다.

2) 지표면 산정

① 지표면 고저차가 3m 이하일 경우 지표면은 1개로 산정한다.

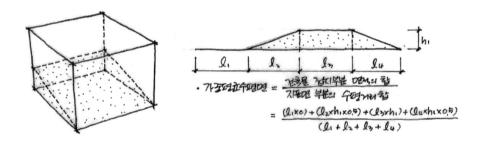

[그림 1-15 가중평균 수평면 산정]

② 지표면 고저차가 3m를 넘는 경우 3m마다 지표면을 산정한다.

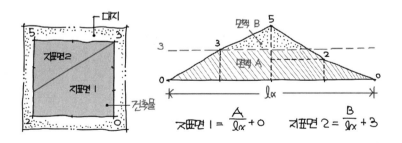

[그림 1-16 지표면 고저차 3m 초과시 가중평균지표면 산정]

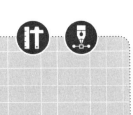

(3) 수목

수목을 보호하기 위하여 건축물의 영역을 제한하며 지정 이격거리를 확보하여 건축 가능영역을 계획한다.

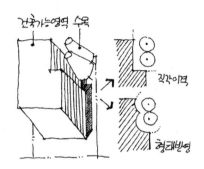

[그림 1-17 수목 보호를 위한 건축가능영역 제한]

(4) 공개공지

대지면적에서 일반이 사용할 수 있도록 설치하는 공개공지 또는 공개공간을 말한다. 법적 규정에 의한 공개공지의 설치시 건축가능 영역과의 관계를 파악한다.

1) 공개공지 설치 의무 지역, 대상 및 면적

① 설치의무 대상지역
- 일반주거지역, 준주거지역
- 상업지역
- 준공업지역
- 허가권자가 도시화 가능성이 크다고 인정하여 지정, 공고하는 지역

② 설치 대상 및 면적 기준은 다음을 따른다.

[표 1-3] 공개공지 설치 대상 및 면적기준

용도	규모
문화 및 집회시설 종교시설 판매시설(「농수산물 유통 및 가격안정에 관한 법률」에 따른 농수산물유통시설 제외) 운수시설*(여객용 시설만 해당) 업무시설 및 숙박시설	해당 용도로 쓰는 바닥면적의 합계가 5,000m²이상
그 밖에 다중이 이용하는 시설로서 건축조례로 정하는 건축물	

● 공개공지 면적

대지면적의 10% 이하의 범위에서 건축조례로 정한다.

2) 공개공지 설치 계획

① 옥외공간으로 설치하며 건축물 하부 필로티 구조로 설치할 경우 별도의 지정 높이를 만족하여야 한다.

② 공개공지를 설치할 때 대지경계선으로부터 건축물 이격거리가 크게 지정된 곳이 유리하며 최대 건축가능 영역이 확보될 수 있도록 공개공지 위치를 결정한다.

3) 공개공지 설치에 따른 건축법령 완화

① 용적률과 도로에 의한 높이 제한을 1.2배까지 완화하여 적용할 수 있다.

② 건축 조례로 ①항보다 큰 경우에는 해당 건축조례로 정하는 바에 따른다.

(5) 공공보행통로

대지에 공공보행통로가 지정되어 있을 경우 건축가능영역에는 제한을 검토한다.

• 지정된 공공보행통로 상부에 건축이 불허된 경우에는 이격거리 기준을 적용한다.

• 지정된 공공보행통로 상부에 건축이 가능한 경우에는 높이 기준을 확인한다.

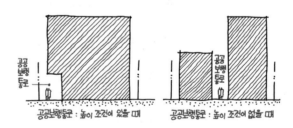

[그림1-18 지하매설물에 의한 영향]

(6) 공동구

도시의 지상 및 지하에 설치 될 수 있는 설비 관련 시설을 말하며, 건축가능영역에서 제외하도록 한다.

① 지하매설물(공동구 등)의 경우

• 대지분석 상에서 보여지는 평면상의 이격조건: 지상의 전체에 건축이 배제된다.

• 대지조닝 상에서 보여지는 단면상의 이격조건: 지상의 일정구간에 건축이 배제된다.

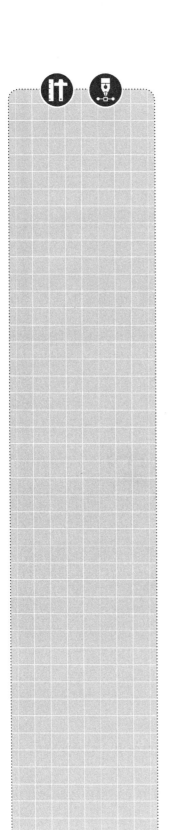

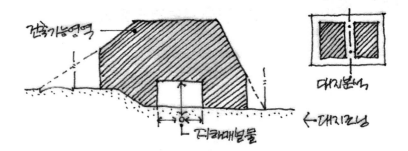

[그림 1-19 공공보행통로와 영역계획]

03. 건축가능영역분석

1. 이격거리 계획

(1) 대지경계선 이격

1) 지정 이격거리

① 인접대지 경계선에서 지정된 이격거리를 반영한다.

② 도로경계선(건축선)에서 지정된 이격거리를 반영하되, 법적도로경계선을 정확히 파악하여 계획한다.

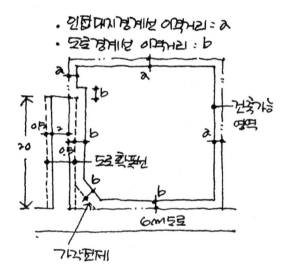

[그림 1-20 단순이격에 의한 건축가능영역]

(2) 대지안의 공지

① 인접대지 경계선에서 이격거리를 확보할 경우 대지안의 공지 규정을 적용하여야 하는지 파악한다.

② 대지안의 공지 적용시 계획대지와 인접대지 사이의 공지가 있을 경우 공지 반대편 인접대지 경계선에서 이격거리를 반영한다.

● 대지안의 공지
―제시되어 있을 경우에만 반영

③ 건축선으로부터 건축물까지 띄어야 하는 거리

[표 1-4] 건축선으로부터 대지안의 공지

대상 건축물	건축조례에서 정하는 건축기준
가. 해당 용도로 쓰는 바닥 면적의 합계가 500제곱미터 이상인 공장(전용공업지역, 일반 공업지역 또는 「산업입지 및 개발에 관한 법률」에 따른 산업단지에 건축하는 공장은 제외한다)으로서 건축조례로 정하는 건축물	• 준공업지역: 1.5미터 이상 6미터 이하 • 준공업지역 외의 지역: 3미터 이상 6미터 이하
나. 해당 용도로 쓰는 바닥면적의 합계가 500제곱미터 이상인 창고(전용공업지역, 일반 공업지역 또는 「산업입지 및 개발에 관한 법률」에 따른 산업단지에 건축하는 공장은 제외한다)로서 건축조례로 정하는 건축물	• 준공업지역:1.5미터 이상 6미터 이하 • 준공업지역 외의 지역:3미터 이상 6미터 이하
다. 해당 용도로 쓰는 바닥면적의 합계가 1,000제곱미터 이상인 판매시설, 숙박시설(일반숙박시설은 제외한다), 문화 및 집회시설(전시장 및 동·식물원은 제외한다) 및 종교시설	3미터 이상 6미터 이하
라. 다중이 이용하는 건축물로서 건축조례로 정하는 건축물	3미터 이상 6미터 이하
마. 공동주택	• 아파트: 2미터 이상 6미터 이하 • 연립주택: 2미터 이상 5미터 이하 • 다세대주택: 1미터 이상 4미터 이하
바. 그 밖에 건축조례로 정하는 건축물	• 1미터 이상 6미터 이하(한옥의 경우에는 처마선 2미터 이하, 외벽선 1미터 이상 2미터 이하)

④ 인접 대지경계선으로부터 건축물까지 띄어야 하는 거리

[표 1-5] 인접대지경계선으로부터 대지안의 공지

대상 건축물	건축조례에서 정하는 건축기준
가. 전용주거지역에 건축하는 건축물(공동주택은 제외한다)	• 1미터 이상 6미터 이하(한옥의 경우에는 처마선 2미터 이하, 외벽선 1미터 이상 2미터 이하)
나. 해당 용도로 쓰는 바닥 면적의 합계가 500제곱미터 이상인 공장(전용공업지역, 일반공업지역 또는「산업입지 및 개발에 관한 법률」에 따른 산업단지에 건축하는 공장은 제외한다)으로서 건축조례로 정하는 건축물	• 준공업지역: 1.5미터 이상 6미터 이하 • 준공업지역 외의 지역: 3미터 이상 6미터 이하
다. 해당 용도로 쓰는 바닥면적의 합계가 1,000제곱미터 이상인 판매시설, 숙박시설(일반숙박시설은 제외한다),문화 및 집회시설(전시장 및 동□식물원은 제외한다) 및 종교시설	1.5미터 이상 6미터 이하

다음 페이지에 계속

[표 1-5] 인접대지경계선으로부터 대지안의 공지

대상 건축물	건축조례에서 정하는 건축기준
라. 다중이 이용하는 건축물(상업지역에 건축하는 건축물로서 스프링클러나 그 밖에 이와 비슷한 자동식 소화설비를 설치한 건축물은 제외한다)로서 건축조례로 정하는 건축물	1.5미터 이상 6미터 이하
마. 공동주택(상업지역에 건축하는 공동주택으로서 스프링클러나 그 밖에 이와 비슷한 자동식 소화설비를 설치한 공동주택은 제외한다)	• 아파트: 2미터 이상 6미터 이하 • 연립주택: 1.5미터 이상 5미터 이하 • 다세대주택: 0.5미터 이상 4미터 이하
바. 그 밖에 건축조례로 정하는 건축물	• 0.5미터 이상 6미터 이하(한옥의 경우에는 처마선 2미터 이하, 외벽선 1미터 이상 2미터 이하)

(2) 자연환경요소 이격

수목과 실개천은 그 중심 또는 경계선에서의 이격거리가 요구된다.

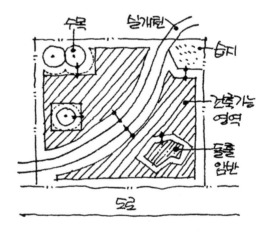

[그림 1-21 자연환경에 의한 건축가능영역]

● **경사지 건축제한**

경사지의 경사로가 큰 경우 역시 건축이 제한된다.
ex) 경사도 10% 초과시 건축불가

(3) 사회환경요소 이격

① 공동구와 고압선주는 중심에서의 이격거리가 요구되며, 문화재와 위험물은 입체적인 이격거리뿐 아니라 단순 이격거리로도 요구될 수 있다.

② 이격거리가 클 경우는 모서리에서 라운드로 이격거리를 산정할 수 있다.

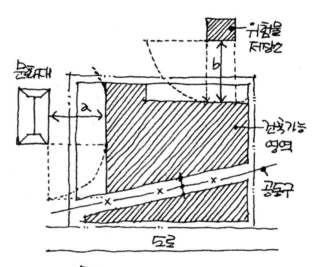

• 문화재 이격거리 : a
• 위험물 저장소 이격거리 : b

[그림 1-22 사회환경에 의한 건축가능영역]

2. 높이제한계획

(1) 건축물의 높이

1) 건축물의 높이

대지의 지표면(가중평균지표면 포함)으로부터의 당해 건축물 상단까지의 높이를 말한다.

① 건축물의 높이는 다음 지표면을 기준으로 한다.
   • 건축물의 주위가 접하는 각 지표면 부분의 높이를 당해 지표면부분의 수평거리에 따라 가중평균한 높이의 수평면을 지표면으로 본다.

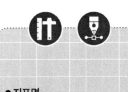

● 지표면

• 경사진 대지는 가중평균 지표
  면 산정

• 지표면의 고저차가 3미터를 넘는 경우: 당해 고저차 3미터 이내의 부분마다 그 지표면을 정한다.(지하층의 지표면 산정 시 예외)

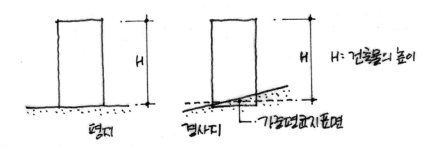

[그림 1-23 건축물의 높이 산정]

② 건축물 높이는 1층 바닥레벨과 지표면의 레벨을 고려하여 계획한다.

③ 건축물의 옥상에 설치되는 승강기탑 · 계단탑 · 망루 · 장식탑 · 옥탑 등으로서 그 수평투영면적의 합계가 해당 건축물 건축면적의 8분의1(「주택법」 제15조 제1항에 따른 사업계획 승인 대상인 공동주택 중 세대별 전용면적이 85제곱미터 이하인 경우에는 $\frac{1}{6}$) 이하인 경우로서 그부분의 높이가 12미터를 넘는 경우에는 그 넘는 부분만 해당 건축물의 높이에 산입한다.

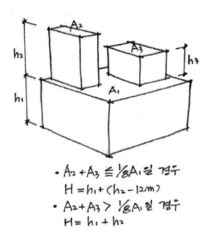

• $A_2+A_3 \leq \frac{1}{8}A_1$일 경우
  $H = h_1 + (h_2 - 12m)$
• $A_2+A_3 > \frac{1}{8}A_1$일 경우
  $H = h_1 + h_2$

[그림 1-24 옥상구조물의 높이기준]

2) 건축물의 층고

• 지정된 층고를 반영하여 건축물 높이를 계획하고 건축가능 층수를 산정한다.

(2) 일조에 의한 높이 제한

1) 정북 일조에 의한 높이 제한

① 지역, 지구
  · 전용주거지역 또는 일반주거지역 안에서 건축물을 건축하는 경우에 적용한다.
  · 정북인접대지의 지역 · 지구가 전용주거지역 또는 일반 주거지역이어야 한다.

② 기준
  · 건축물의 각 부분을 정북방향으로의 인접대지 경계선으로부터 다음 각 호의 범위 안에서 건축조례가 정하는 거리 이상을 띄어 건축하여야 한다.
    – 높이 10미터 이하인 부분 : 인접대지경계선으로부터 1.5미터 이상
    – 높이 10미터를 초과하는 부분 : 인접대지경계선으로부터 해당 건축물의 각 부분의 높이의 2분의 1 이상

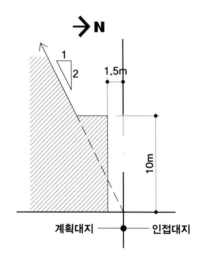

[그림 1-25 정북일조사선]

③ 레벨
  · 법 제61조에 의한 높이제한(일조확보를 위한 높이제한) 규정 시 건축물 높이
    – 지표면으로부터 당해 건축물의 상단까지의 높이를 말한다.
    – 건축물의 대지의 지표면과 인접대지의 지표면 간에 고저차가 있는 경우에는 그 지표면의 평균수평면을 지표면으로 본다.

● **일조권사선 제한 적용**

가중평균 지표면 →
평균 수평면

● **가로구역 높이 적용**

가중평균 도로면 →
1/2 부상도로면

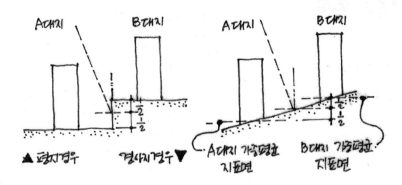

[그림 1-26 평균주평면 산정]

④ 완화

- 건축물을 건축하고자 하는 대지와 다른 대지 사이에 다음 조건의 시설 또는 부지가 있는 경우에 인접대지 경계선의 위치를 완화할 수 있다.
  - 공원(허가권자가 공원의 일조등을 확보할 필요가 있다고 인정하는 공원은 제외)·도로·철도·하천·광장·공공공지·녹지·유수지·자동차전용도로· 유원지 기타 건축이 허용되지 아니하는 공지가 있는 경우
  - 너비(대지경계선에서 가장 가까운 거리를 말한다) 2미터 이하인 대지
  - 면적이 건축법 시행령 제80조 각 호에 따른 분할제한 기준 이하인 대지
- 일반건축물 : 그 반대편의 대지경계선을 인접대지경계선으로 한다.
- 공동주택 : 인접대지경계선과 그 반대편의 대지경계선과의 중심선을 인접대지 경계선으로 한다.

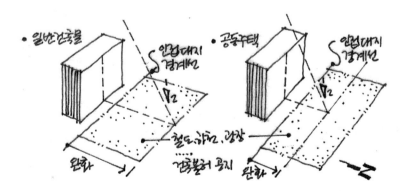

[그림1-27 공지의 완화적용]

● 정북방향의 주차장

① 대지의 북측에 도시계획시설인 주차장이 있는 경우에 이를 공지로 보아 정북방향 일조권 정용을 배제 여부(질의)
② 주차장이 도시계획에 의한 도시기반 시설이라 하더라도 관계법령에서 부분적으로 건축을 허용하고 있으므로 건축이 금지된 공지로 볼 수 없음(서울건지 58550-3735)

● 대지의 분할제한

- 주거지역 : 60m²
- 상업지역 : 150m²
- 공업지역 : 150m²
- 녹지지역 : 200m²
- 기   타 : 60m²

⑤ 배제

- 정북방향의 인접대지가 전용주거지역이나 일반주거지역이 아닌 용도지역에 해당하는 경우
- 건축협정구역 안에서 대지 상호 간에 건축하는 건축물의 경우
- 다음 어느 하나에 해당하는 구역 안의 대지 상호 간에 건축하는 건축물로서 해당 대지가 너비 20미터 이상의 도로(자동차 · 보행자 · 자전거 전용도로를 포함하며, 도로에 공공공지, 녹지, 광장, 그 밖에 건축미관에 지장이 없는 도시 · 군계획시설이 접한 경우 해당 시설을 포함한다)에 접한 경우
  - 「국토의 계획 및 이용에 관한 법률」 제51조에 따른 지구단위계획구역, 같은 법 제37조제1항제1호에 따른 경관지구
  - 「경관법」 제9조제1항제4호에 따른 중점경관관리구역
  - 건축법 제77조의2제1항에 따른 특별가로구역
  - 도시미관 향상을 위하여 허가권자가 지정 · 공고하는 구역

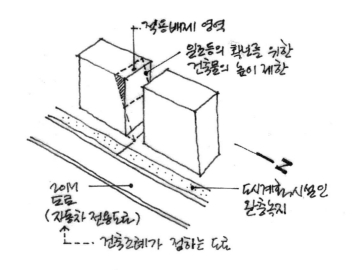

[그림 1-28 정북일조 적용 제외]

2) 공동주택의 채광일조에 의한 높이 제한

① 지역지구
일반상업지역 또는 중심상업지역을 제외한 지역에서 공동주택을 건축하는 경우에 적용한다.

② 기준
- 인접대지 방향으로 채광이격거리는 다음 기준에 적합하게 건축하여야 한다.
  - 건축물(기숙사를 제외한다)의 각 부분의 높이는 그 부분으로부터 채광을 위한 창문 등이 있는 벽면으로부터 직각방향으로 인접대지경계선까지의 수평거리의 2배(근린상업지역·준주거지역 안의 건축물은 4배) 이하의 높이로 한다.
  - 다세대주택의 채광벽면에서 인접대지로부터의 이격거리는 건축조례로 정하는 1m 이상으로 한다.

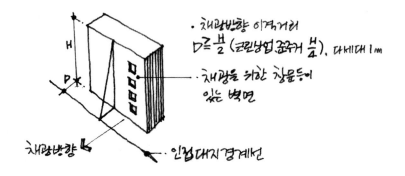

[그림 1-29 채광방향 이격거리]

- 동일한 대지 안에서 2동 이상의 건축물이 서로 마주보고 있는 경우(1동의 건축물의 각 부분이 서로 마주보고 있는 경우를 포함한다)의 건축물 각 부분 사이의 거리는 다음 각 목의 거리 이상을 띄어 건축할 것. 다만, 당해 대지 안의 모든 세대가 동지 일을 기준으로 9시에서 15시 사이에 2시간 이상을 계속하여 일조를 확보할 수 있는 거리 이상으로 할 수 있다.
  - 채광을 위한 창문 등이 있는 벽면으로부터 직각방향으로 건축물 각 부분의 높이의 0.5배(도시형 생활주택 0.25배) 이상
  - 서로 마주보는 건축물 중 높은 건축물(높은 건축물을 중심으로 마주보는 두 동의 축이 시계방향으로 정동에서 정서 방향인 경우만 해당한다)의 주된 개

● 공동주택

아파트	5개층 이상
연립	4개층 이하 660㎡ 초과 (1개동)
다세대	4개층 이하 660㎡ 이하 (1개동)

1층 전부(다세대, 다가구, 다중주택은 전체 또는 일부)를 필로티 구조로 하여 주차장으로 사용하는 경우 주택의 층수에서 제외

● 채광방향 일조권의 의의

일조권은 인간의 거주성에 중점을 둔 최소한의 생리학적 보호림이라 할 수 있다. 따라서 거주성에 바탕을 둔 일반주거, 전용주거지역, 지역과 관계없이 주거가 주목적인 공동주택은 일조권을 위한 법적 보호를 받아야 한다.

● 채광방향

채광방향의 이격거리는 방위와 관계없이 채광창이 있는 건축물의 각 방향으로 적용됨에 유의

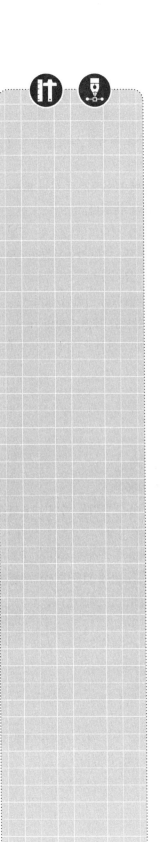

구부(거실과 주된 침실이 있는 부분의 개구부를 말한다)의 방향이 낮은 건축물을 향하는 경우에는 10미터 이상으로서 낮은 건축물 각 부분의 높이의 0.5배(도시형 생활주택의 경우에는 0.25배) 이상의 범위에서 건축조례로 정하는 거리 이상

- 건축물과 부대시설 또는 복리시설이 서로 마주보고 있는 경우에는 부대시설 또는 복리시설 각 부분 높이의 1배 이상
- 채광창(창넓이 0.5m² 이상)이 없는 벽면과 측벽이 마주보는 경우에는 8m 이상
- 측벽과 측벽이 마주보는 경우[마주보는 측벽 중 1개의 측벽에 한하여 채광을 위한 창문 등이 설치되어 있지 아니한 바닥면적 3m² 이하의 발코니(출입을 위한 개구부를 포함한다)를 설치하는 경우를 포함한다]에는 4m 이상

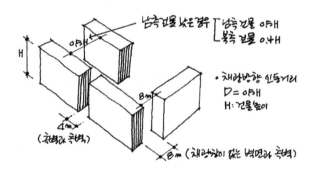

[그림 1-30 공동주택의 동간거리]

③ 레벨
- 계획대지가 인접대지의 지표면보다 낮은 경우에는 계획대지의 지표면을 지표면으로 본다.
- 계획대지가 인접대지의 지표면보다 높은 경우에는 두 대지의 평균수평면을 지표면으로 본다.
- 공동주택을 다른 용도와 복합하여 건축하는 경우에는 공동주택의 가장 낮은 부분을 그 건축물의 지표면으로 본다.

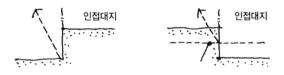

[그림 1-31 채광사선 적용레벨]

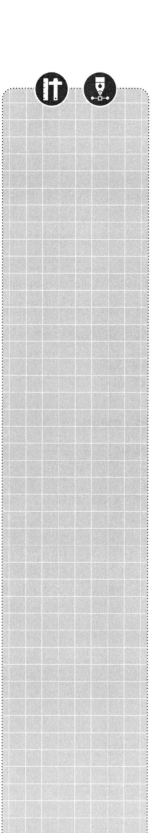

④ 완화
- 1층 전체에 필로티를 설치할 경우 필로티 층고 만큼 건축물 높이를 완화하여 건축할 수 있다.
- 건축물을 건축하고자 하는 대지와 다른 대지 사이에 다음조건의 시설 또는 부지가 있는 경우에 인접대지 경계선의 위치를 완화할 수 있다.
  - 공원(허가권자가 공원의 일조등을 확보할 필요가 있다고 인정하는 공원은 제외)·도로·철도·하천·광장·공공공지·녹지·유수지·자동차전용도로·유원지 기타 건축이 허용되지 아니하는 공지가 있는 경우
  - 너비(대지경계선에서 가장 가까운 거리를 말한다)2미터 이하인 대지
  - 면적이 건축법 시행령 제 80조 각 호에 따른 분할제한 기준 이하인 대지
  - 인접대지경계선과 그 반대편의 대지경계선과의 중심선을 인접대지경계선으로 한다.

(3) 도로에 의한 높이 제한

① 지역
- 가로구역별 최고높이가 지정된 경우 높이제한을 적용한다.
- 허가권자는 가로구역(도로로 둘러싸인 일단의 지역)을 단위로 하여 대통령령이 정하는 기준과 절차에 따라 건축물의 최고높이를 지정·공고할 수 있다.
- 다만, 시장·군수·구청장은 가로구역의 최고높이를 완화하여 적용할 필요가 있다고 판단되는 대지에 대하여는 대통령령이 정하는 바에 의하여 건축위원회의 심의를 거쳐 최고높이를 완화하여 적용할 수 있다.
  - 국토이용계획·도시계획등의 토지이용계획
  - 당해가로구역이 접하는 도로의 너비
  - 당해가로구역의 상·하수도등 간선시설의 수용능력
  - 도시미관 및 경관계획
  - 당해도시의 장래 발전계획
- 특별시장 또는 광역시장은 도시관리를 위하여 필요한 경우에는 가로구역별 건축물의 최고높이를 특별시 또는 광역시의 조례로 정할 수 있다.

② 기준
- 전면도로의 중심선으로부터 건축물 상단 까지의 높이를 말한다.

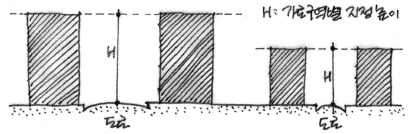

[그림 1-32 가로구역별 건축물의 최고높이]

③ 레벨
- 건축물의 대지에 접하는 전면도로의 노면에 고저차가 있는 경우에 당해 건축물이 접하는 범위의 전면도로부분의 수평거리에 따라 가중평균한 높이의 수평면을 전면도로면으로 본다.
- 건축물의 대지에 지표면이 전면도로보다 높은 경우에는 그 고저차의 2분의 1의 높이만큼 올라온 위치에 당해 전면도로의 면이 있는 것으로 본다.

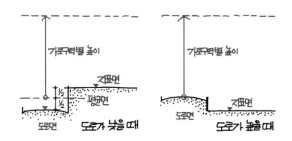

[그림 1-33 가로구역높이 적용레벨]

④ 완화
- 공개공지 설치할 경우 1.2배까지 완화하여 건축할 수 있다.
- 1층 전체에 필로티를 설치할 경우 필로티 층고만큼 건축물 높이를 완화하여 건축할 수 있다.

⑤ 배제
- 가로 구역별 높이가 지정되지 않은 경우

(4) 문화재 보호를 위한 높이 제한

① 지역

국가지정문화재 보호구역 경계(보호구역 경계가 지정되지 않은 문화재는 문화재
외곽경계)에서 100m 이내에 건축하는 건축물의 심의기준(천연기념물은 시지정
문화재 심의 기준에 준함)을 적용한다.

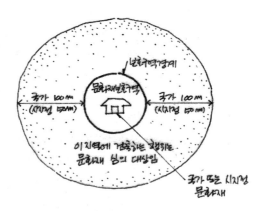

[그림 1-34 문화재 보호구역]

② 기준 및 레벨

• 4대문 안(內)(문화재별로 3단계 구분 실시)

– 기준 1 : 문화재 건물높이의 2배 지점에서 높이를 기준하여 앙각 27°선 이내

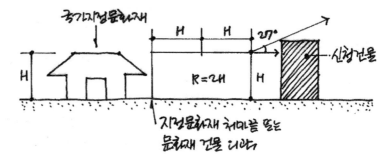

[그림 1-35 문화재 보호사선 적용 1]

– 기준 2 : 보호구역경계 지표에서 문화재 높이를 기준하여 앙각 27°선 이내

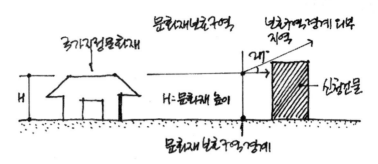

[그림 1-36 문화재 보호사선 적용 2]

– 기준 3 : 보호구역 경계 지표에서 문화재 처마 높이 3.6m를 기준하여 앙각 27°선 이내

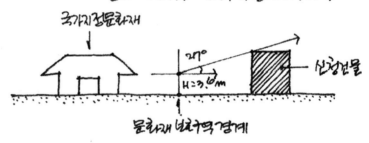

[그림 1-37 문화재 보호사선 적용 3]

• 4대문 밖(外)

– 보호구역 경계지표에서 7.5m 높이를 기준하여 앙각 27°이내

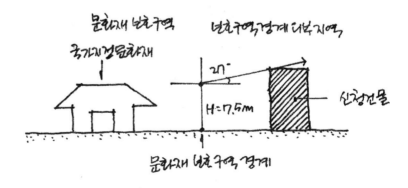

[그림 1-38 문화재 보호사선 적용 4]

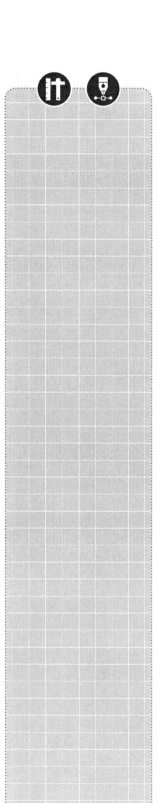

〈참고〉 시지정문화재

시지정문화재 보호구역 경계(보호구역 경계가 지정되지 않은 문화재는 문화재외곽 경계)에서 50m 이내에 건축하는 건축물의 심의기준(국가지정 문화재 천연기념물 포함)

① 4대문 내 · 외 공통적용
② 기준 : 문화재보호구역 경계지점에서 7.5m 높이를 기준하여 앙각 27°이내

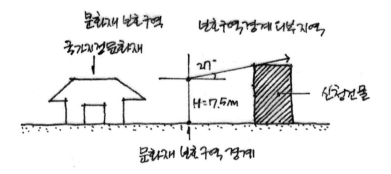

[그림 1-39 문화재 보호사선 적용 5]

3. 기타계획

(1) 면적계획

1) 건폐율

① 건축면적을 대지면적으로 나눈 비율을 말한다.
- 용도지역별 법적 적용기준을 따르며 건폐율 범위 내에서 계획하여야 한다.
- 건폐율(건축면적) 초과 시 층수가 적은 부분부터 조정하여 계획한다.

② 건축면적
건축물의 외벽의 중심선으로 둘러싸인 부분의 수평투영면적으로 하며 다음의 경우는 건축면적에서 제외한다.

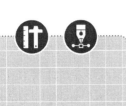

- 지표면으로부터 1미터 이하에 있는 부분
- 처마, 차양, 부연, 그 밖의 이와 유사한 것으로서 당해 외벽의 중심선으로부터 수평거리 1미터(한옥의 경우에는 2미터) 이상 돌출된 부분이 있는 경우에는 그 끝부분으로부터 수평거리 1미터(한옥의 경우에는 2미터)를 후퇴한 선 이내 부분

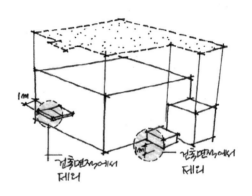

[그림 1-40 건축면적 이해도]

2) 용적률

① 지상 연면적을 대지면적으로 나눈 비율을 말한다.
- 용도지역별 법적 적용기준을 따르며 용적률 범위 내에서 계획하여야 한다.
- 용적률 초과 시 지정된 범위 내에서 조정하여 계획한다.
  - 최상층에서 조정
  - 특정방향에서 조정

② 용적률의 산정에 있어서 다음의 경우는 면적에서 제외된다.
  - 지하층의 면적
  - 지상층의 주차용(해당 건축물의 부속용도인 경우만 해당)으로 사용되는 면적
  - 초고층 건축물과 준초고층 건축물에 설치하는 피난안전구역의 면적
  - 건축물의 경사지붕 아래에 설치하는 대피공간의 면적

● **지상층 연면적**

지상층 각 층 바닥면적의 합계

● **연면적**

하나의 건축물에서 각 층 바닥면적의 합계

3) 바닥면적

건축물의 각 층 또는 그 일부로서 벽·기둥 기타 이와 유사한 구획의 중심선으로 둘러싸인 부분의 수평투영면적으로 한다. 다만, 아래의 규정에 해당하는 경우에는 규정하는 바에 의한다.

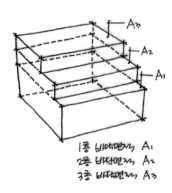

[그림 1-41 각 층 바닥면적]

- 벽·기둥의 구획이 없는 건축물에 있어서는 그 지붕 끝부분으로부터 수평거리 1미터를 후퇴한 선으로 둘러싸인 수평투영면적으로 한다.
- 주택의 발코니 등 건축물의 노대 기타 이와 유사한 것의 바닥은 난간등의 설치 여부에 관계없이 노대등의 면적(외벽의 중심선으로부터 노대등의 끝부분까지의 면적을 말한다)에서 노대등이 접한 가장 긴 외벽에 접한 길이에 1.5미터를 곱한 값을 공제한 면적을 바닥면적에 산입한다.

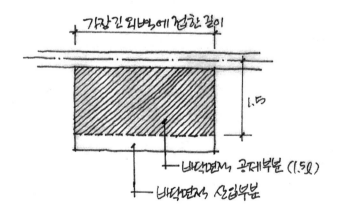

[그림 1-42 노대등의 바닥면적 산입]

- 필로티 기타 이와 유사한 구조(벽면적의 2분의 1 이상이 당해 층의 바닥면에서 위층 바닥 아랫면까지 공간으로 된 것에 한한다)의 부분은 당해 부분이 공중의 통행 또는 차량의 통행·주차에 전용되는 경우와 공동주택의 경우에는 이를 바닥면적에서 제외한다.
- 승강기탑(옥상 출입용 승강장을 포함한다), 계단탑, 장식탑, 다락[층고(層高)가 1.5미터(경사진 형태의 지붕인 경우에는 1.8미터) 이하인 것만 해당한다], 건축물의 내부에 설치하는 냉방설비 배기장치 전용 설치공간(각 세대나 실별로 외부 공기에 직접 닿는 곳에 설치하는 경우로서 1제곱미터 이하로 한정한다), 건축물의 외부 또는 내부에 설치하는 굴뚝, 더스트슈트, 설비덕트, 그 밖에 이와 비슷한 것과 옥상·옥외 또는 지하에 설치하는 물탱크, 기름탱크, 냉각탑, 정화조, 도시가스 정압기, 그 밖에 이와 비슷한 것을 설치하기 위한 구조물과 건축물 간에 화물의 이동에 이용되는 컨베이어벨트만을 설치하기 위한 구조물은 바닥면적에 산입하지 않는다.
- 공동주택으로서 지상층에 설치한 기계실, 전기실, 어린이놀이터, 조경시설 및 생활폐기물 보관함의 면적은 바닥면적에서 제외한다.

(2) 필로티 계획

1) 주택의 층수 완화

① 아파트, 연립주택
- 1층 전부를 필로티 구조로 하여 주차장으로 사용하는 경우 주택의 층수에서 제외한다.
- 연립주택 1층 전부를 필로티 구조의 주차장으로 사용하면 5층까지 가능하다.

② 다세대, 다가구, 다중주택
- 1층 전체 또는 일부를 필로티 구조로 하여 주차장으로 사용하는 경우로서 나머지 부분을 기타 용도(주택 외 용도)로 사용하는 경우 주택의 층수에서 제외한다.

2) 건축물 높이 완화

건축물 1층 전체에 필로티가 설치되어 있는 경우에는 법 제60조 및 제61조 제2항의 규정을 적용함에 있어서 필로티의 층고를 제외한 높이를 기준으로 한다.

① 필로티 : 건축물의 사용을 위한 경비실·계단실·승강기실·기타 이와 유사한 것을 포함한다.
② 법 60조 : 가로구역별 높이 지정
③ 시행령 86조 2항 : 공동주택의 채광방향 이격기준

공동주택의 인동거리 기준

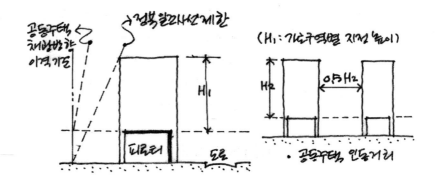

[그림 1-43 필로티 높이 완화]

3) 면적완화

필로티나 그 밖에 이와 비슷한 구조(벽면적의 2분의 1 이상이 그 층의 바닥면에서 위층 바닥 아래면 까지 공간으로 된 것만 해당한다)의 부분은 그 부분이 다음의 경우에는 바닥면적에 삽입하지 않는다.

① 공중의 통행
② 차량의 통행
③ 주차에 전용
④ 공동주택

(3) 복합건축물 계획

공동주택을 다른 용도와 복합하여 건축하는 경우에 공동주택의 가장 낮은 부분을 당해 건축물의 지표면으로 본다.

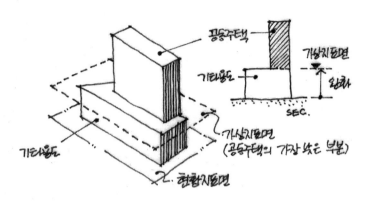

[그림 1-44 주거복합 건축물의 지표면 산정]

(4) 건축물의 대지가 지역, 지구 또는 구역에 걸리는 경우

① 대지가 지역·지구(녹지지역 및 방화지구를 제외) 또는 구역에 걸치는 경우에는 그 건축물 및 대지의 전부에 대하여 그 대지의 과반이 속하는 지역·지구 또는 구역안의 건축물 및 대지 등에 관한 규정을 적용한다.

●국토의 계획 및 이용에 관한 법률(제84조)

하나의 대지가 둘 이상의 지역·지구·구역에 걸치는 경우 각 부분에 있는 토지의 규모가 하나라도 330m² 이하인 경우에는 건폐율 및 용적률을 가중평균하여 적용한다.

●건축법

과반이 넘는 지역, 지구의 규정을 적용

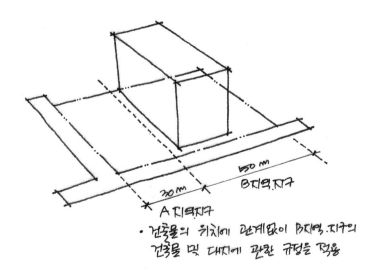

[그림 1-45 대지가 지역·지구에 걸치는 경우]

② 건축물이 고도지구에 걸치는 경우 : 건축물 및 대지의 전부에 대하여 고도지구 의 건축물 및 대지 등에 관한 규정을 적용한다.

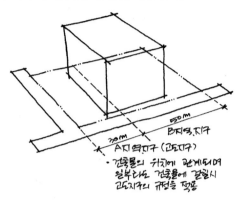

[그림 1-46 건축물이 미관지구, 고도지구에 걸치는 경우]

③ 하나의 건축물이 방화지구와 그 밖의 구역에 걸치는 경우 : 그 전부에 대하여 방화지구 안의 건축물에 관한 규정을 적용한다. 다만, 그 건축물이 방화지구와 그 밖의 구역의 경계가 방화벽으로 구획되는 경우에는 그 밖의 구역에 있는 부 분에 대하여는 그러하지 아니하다.

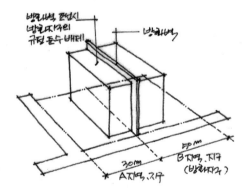

[그림 1-47 건축물이 방화지구에 걸치는 경우]

④ 대지가 녹지지역과 그 밖의 지역 · 지구, 구역에 걸치는 경우 : 각 지역 · 지구 또는 구역 안의 건축물 및 대지에 관한 규정을 적용한다.

⑤ 하나의 대지가 둘 이상의 용도지역 · 용도지구 또는 용도구역(이하 이 항에서 "용도지역등"이라 한다)에 걸치는 경우로서 각 용도지역등에 걸치는 부분 중 가장 작은 부분의 규모가 대통령령으로 정하는 규모 이하인 경우에는 전체 대 지의 건폐율 및 용적률은 각 부분이 전체 대지 면적에서 차지하는 비율을 고려

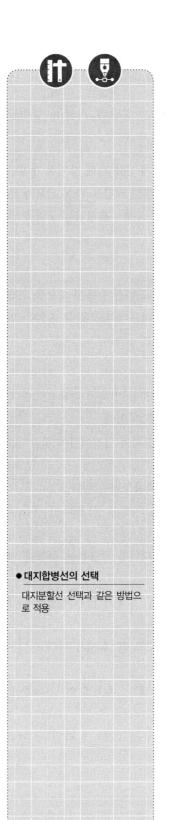

● 대지합병선의 선택

대지분할선 선택과 같은 방법으로 적용

하여 다음 각 호의 구분에 따라 각 용도지역등별 건폐율 및 용적률을 가중평균한 값을 적용하고, 그 밖의 건축제한 등에 관한 사항은 그 대지 중 가장 넓은 면적이 속하는 용도지역 등에 관한 규정을 적용한다. 다만, 건축물이 고도지구에 걸쳐 있는 경우에는 그 건축물 및 대지의 전부에 대하여 고도지구의 건축물 및 대지에 관한 규정을 적용한다.

- 가중평균한 건폐율=(f1×1+f2×2+⋯fn×n)/전체 대지 면적, 이 경우 f1부터 fn까지는 각 용도지역등에 속하는 토지 부분의 면적을 말하고, x1부터 xn까지는 해당 토지 부분이 속하는 각 용도지역등의 건폐율을 말하며, n은 용도지역 등에 걸치는 각 토지 부분의 총 개수를 말한다.
- 가중평균한 용적률=(f1×1+f2×2+⋯fn×n)/전체 대지 면적, 이 경우 f1부터 fn까지는 각 용도지역등에 속하는 토지 부분의 면적을 말하고, x1부터 xn까지는 해당 토지 부분이 속하는 각 용도지역등의 용적률을 말하며, n은 용도지역 등에 걸치는 각 토지 부분의 총 개수를 말한다.

(5) 대지분할계획

1) 주도로의 변경

① 대지분할 시 주도로변, 즉 대지의 전면이 바뀔 수 있다.

② 대지의 전면, 후면, 측면의 이격거리가 다르게 요구될 경우 주의하여야 한다.

2) 대지분할선의 선택

두 개의 대지 분할선 중 최대 건축가능영역을 확보할 수 있는 선을 선택하여 건축 가능 영역을 분석한다.

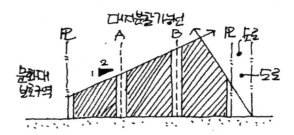

[그림 1-48 대지분할선 선택]

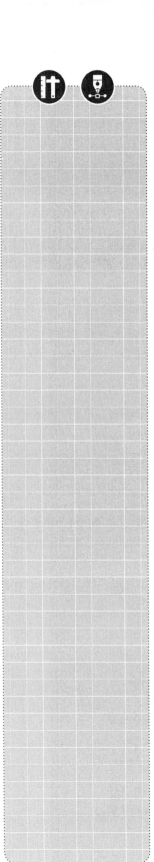

(6) 지구단위계획

① "지구단위계획구역"은 지구단위계획을 수립하는 일단의 지역적 범위를 말한다.

② "특별계획구역"은 지구단위계획구역 중에서 현상설계 등에 의해 창의적 개발안을 수용할 필요가 있거나, 계획안을 작성하는데 충분한 시간을 가질 필요가 있을 때 별도의 계획안을 작성하여 지구단위계획으로 수용·결정하는 구역을 말한다.

③ 가구 및 획지에 관한 용어의 정의는 다음과 같다.
- "대지분할가능선"이라 함은 시장수요 및 여건변화에 따른 융통성 확보를 위해 일정규모 이상 대형 필지에 대하여 지구단위계획 내용에 지장을 주지 않는 범위에서 분할할 수 있는 위치를 지정한 선을 말한다.

④ 건축물의 용도에 관한 용어의 정의는 다음과 같다.
- "허용용도"라 함은 그 필지 내에서 건축가능한 용도를 말하며 허용용도가 지정된 필지에서는 허용용도 이외의 용도로는 건축할 수 없다.
- "권장용도"라 함은 도시기능의 효율화를 위해 그 필지의 입지여건에 적합하게 권장되는 용도를 말한다.
- "불허용도"라 함은 그 필지에서 허용되지 않는 건축용도를 말한다.
- "건축물의 주용도"라 함은 건축연면적의 50% 이상을 사용하는 용도를 말한다.
- "건축물의 부수용도"라 함은 건축연면적의 20% 미만을 사용하는 용도를 말한다.
- "점포주택"이라 함은 건물의 일부를 근린생활시설 등 주거 이외의 용도로 사용하는 주택을 말한다.
- "주택단지"라 함은 주택건설기준에 관한 규정 제2조 제1호에서 정하고 있는 주택을 건설하는 일단의 대지를 말한다.
- 공동주택용지에서 "주거동"이라 함은 공동주택이 주용도인 건축물을 말한다.
- "생활편익시설"은 '주택건설기준 등에 관한 규정'에서 정의된 용어를 말한다.

⑤ 건축물의 규모에 관한 용어의 정의는 다음과 같다.
- "최고층수"라 함은 지구단위계획에 의하여 지정된 층수 이하로 건축하여야 하는 층수를 말한다.

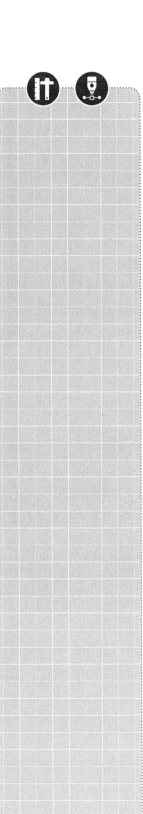

- "최저층수"라 함은 지구단위계획에 의하여 지정된 층수 이상으로 건축하여야 하는 층수를 말한다.

⑥ 건축물의 배치와 건축선에 관한 용어의 정의는 다음과 같다.

- "건축한계선"이라 함은 그 선의 수직면을 넘어서 건축물의 지상부분이 돌출하지 못하는 선을 말한다.
- "건축지정선"이라 함은 그 선의 수직면에 건축물의 1층 내지 3층까지의 벽면의 위치가 건축지정선 길이의 2분의 1 이상 접하여야 하는 선을 말한다.
- "벽면지정선"이라 함은 건축물의 1층 또는 특정층의 벽면의 위치를 지정한 선을 말하며 벽면의 위치가 2분의 1 이상 지정선에 접하여야 하는 선을 말한다.
- "건축물의 전면"이라 함은 상업업무용 건축물에서 보행주출입구가 설치되는 면을 말한다.
- "건축물 직각배치구간"이라 함은 도로에서의 조망확보 및 경관향상을 위하여 도로에 직각으로 건축물 배치를 유도하는 구간을 말한다.
- "12층 이하 아파트배치구간"이라 함은 지구단위계획에 의하여 지정된 구간이내에서 12층 이하의 아파트를 배치하여야 하는 구간을 말한다.
- "10층 이하 아파트배치구간"이라 함은 지구단위계획에 의하여 지정된 구간이내에서 10층 이하의 아파트를 배치하여야 하는 구간을 말한다.
- "아파트, 연립혼합 배치구간"이라 함은 공동주택단지에서 4층 이하의 연립주택과 10층 이하의 아파트가 혼합 배치된 곳을 말한다.
- 주거동의 "주정면"이라 함은 건축법 시행령 86조 2항의 2호 가목에서 말하는 채광을 위한 창문 등이 있는 벽면으로 건축물의 출입구가 설치된 면을 말한다.
- "탑상형 아파트"라 함은 단지의 조망감 및 개방감이 충분히 확보될 수 있는 층당 4호연립 이내의 초고층 아파트를 말한다.
- "부대복리시설 집단화 구역"이라 함은 공동주택단지내 주민의 부대복리시설 중 2개소 이상을 집단화한 장소를 말한다.

⑦ 건축물의 형태와 색채에 관한 용어의 정의는 다음과 같다.

- "주조색"이라 함은 건축물의 어느 한 면의 외벽면 중 유리창 부분을 제외한 벽면의 7/10 이상을 차지하는 색을 말한다.
- "보조색"이라 함은 건축물의 어느 한 면의 외벽면 중 유리창 부분을 제외한 벽면의 1/10 이상 3/10 미만을 차지하는 색을 말한다.
- "강조색"이라 함은 건축물의 외장효과를 위해 사용하는 색으로 건축물의 어느 한 면의 외벽면 중 유리창 부분을 제외한 벽면적의 1/10 미만을 차지하는 색을 말한다.

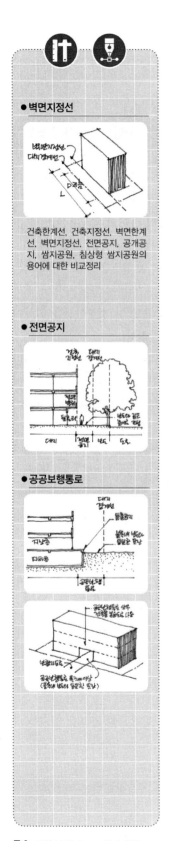

● 벽면지정선

건축한계선, 건축지정선, 벽면한계선, 벽면지정선, 전면공지, 공개공지, 쌈지공원, 침상형 쌈지공원의 용어에 대한 비교정리

● 전면공지

● 공공보행통로

• "투시형 셔터"는 전체의 3분의 2 이상이 투시가 가능토록 제작된 셔터를 말한다.

⑧ 대지내 공지에 관한 용어의 정의는 다음과 같다.

• "전면공지"라 함은 지구단위계획으로 지정된 건축한계선 및 건축지정선으로 인하여 전면도로와의 경계선 사이에 생기는 대지내 공지로서 일반대중에게 상시 개방되는 공지를 말한다.

• "공개공지"라 함은 건축법 제67조, 동법 시행령 113조에서 정하는 바와 같이 일반 대중에게 상시 개방되는 대지 안의 공간을 말한다.

• "공공조경"이라 함은 가로환경 및 주거환경 제고를 위해 대지내 일부 공지에 대해 지구단위계획에서 제시한 식수방법에 따라 조경하는 것을 말한다.

• "담장설치불허구간"이라 함은 환경의 질을 높이고자 하는 목적으로 도시미관 및 기능상 담장설치를 불허하는 구간을 말한다.

⑨ 교통처리에 관한 용어의 정의는 다음과 같다.

• "차량출입 허용구간"이라 함은 대지가 도로에 접한 구간 중에서 차량 진출입을 위한 출입구 설치가 허용되는 구간을 말한다.

• "차량출입 불허구간"이라 함은 대지가 도로에 접한 구간 중에서 차량 진출입을 위한 출입구를 설치할 수 없는 구간을 말한다.

• "전면도로"라 함은 건축물의 주출입구가 면하고 있는 도로를 말한다.

• "보행 주출입구"는 보행자가 건물 출입을 위해 주로 사용하는 출입구를 말한다.

• "공공보행통로"라 함은 대지 안에 일반인이 보행통행에 이용할 수 있도록 조성한 통로를 말한다.

• "입체(공중 및 지하)보행통로"라 함은 건축물과 건축물 사이에 연결된 공중 및 지하를 통해 일반인이 이용할 수 있는 보행통로를 말한다.

• "생활도로"라 함은 지역만의 고유성을 보존·육성하는 동시에 거리문화의 활성화를 유도하기 위한 보행자 우선도로를 말한다.

⑩ 기타 지침과 관련된 용어의 정의는 다음과 같다.

• "공동개발"이라 함은 2이상 대지를 일단의 대지로 하여 하나의 건축물로 건축하는 것을 말한다.

• "블록형 단독주택용지"라 함은 개별 필지로 구분하지 아니하고, 적정규모의 블록을 하나의 개발단위로 공급함으로서 보다 신축적인 부지조성 및 주택건축과 효율적인 관리가 가능하도록 구획된 주택건설용지를 말한다.

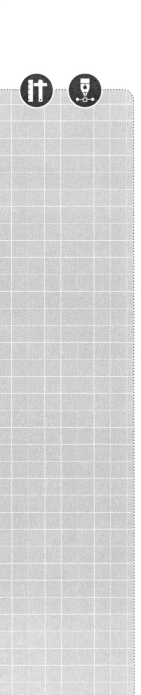

04. 체크리스트

(1) 지역, 지구 내의 법적 요소

① 대지 내 지역, 지구 조건은 검토되었는가?

② 전용주거 또는 일반주거 지역내의 일조권 적용은 적법한가?

③ 가로구역별 최고 높이가 별도로 지정된 구역은 아닌가?

④ 가로구역별 최고높이가 별도로 지정되지 않은 구역으로 도로사선 제한 적용은 적법한가?

⑤ 미관지구가 지정된 구역으로 건축지정선의 위치는 검토하였는가?

⑥ 최고 고도 지구, 공항지구, 지구단위계획구역 등의 지역, 지구규정에 의해 요구되는 별도의 최고 높이는 적법한가?

⑦ 문화재 보호구역으로 별도로 요구되는 수평·수직 이격거리는 적법한가?

(2) 대지, 도로의 법적 요소

① 대지분할시 제반규정에 적합한 위치에서 분할되었는가?

② 도로의 폭은 적법한가?

③ 도로 모퉁이에서의 건축선 지정은 누락하지 않았는가?

④ 막다른 도로의 도로폭 산정은 정확한가?

(3) 수평 이격 제한요소

① 요구치수 또는 이격거리는 정확하게 확보되었는가?

② 이격거리는 제시된 경계선(대지경계선, 호수경계선, 건축물, 구조물 등)으로부터 수평으로 정확하게 확보되었는가?

③ 도로폭 미달시 도로폭 확보 기준선(도로중심선, 반대편 도로경계선)은 적절한가?

④ 대지분할시 대지의 전, 후 측면의 위치가 바뀔 경우 이격거리는 올바른 위치에서 확보되었는가?

⑤ 공동주택의 채광창 이격거리는 요구방향으로 확보하였는가?

⑥ 건폐율 및 용적률에 의한 건축가능영역은 반영되었는가?

⑦ 옥외공간의 영역(공개공지, 보행통로 등)은 건축가능영역에서 완전배제 또는 부분 배제되었는가?

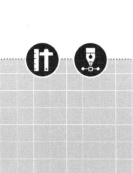

(4) 답안작성의 체크사항

① 작도의 요구조건을 충족하였는가?

② 계획된 답안을 정확히 작도하였는가?

③ 건축가능영역은 제시된 범례에 따라 정확하게 표현하였는가?

④ 답안에 요구된 용어는 적절히 표현하였는가?

⑤ 각종 제한사항을 표기하였는가?

NOTE ____

③ 익힘문제 및 해설

01. 익힘문제

익힘문제 1.

익힘문제 1. 막다른 도로길이 이해하기

● 참고하기

건축법상의 도로는 보행 및 자동차 통행이 가능하여야 한다. 따라서 자동차 전용도로, 보행자 전용도로, 고속도로, 고가도로, 지하도로 등은 건축법상 도로로 볼수 없다.

"가"점과"나"점의 막다른 도로길이와 건축법적으로 적합한 막다른 도로의 소요폭을 구하시오.

(단, 모든 막다른 도로의 현황폭은 2m이다.)

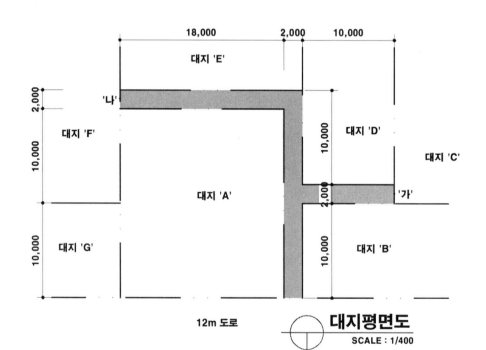

대지평면도

SCALE : 1/400

구 분	도로길이	소요폭
'가' 점		
'나' 점		

익힘문제 2. 건축선 정리하기

다음의 대지조건을 보고 건축선을 도식하시오. (축척 : 1/400)

● 참고하기

도로의 적합성 여부는 대지
분석시 일차적으로 행하여
야 할 중요한 요소이다.

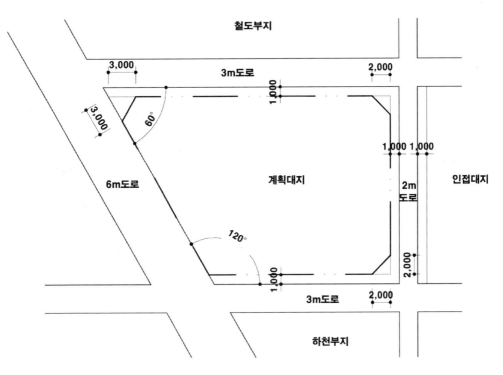

대지평면도
SCALE : 1/400

익힘문제 3.   건축가능영역 설정하기 1.

다음의 대지조건을 보고 건축 가능영역과 주차장 설치 가능영역을 도식하시오.
(축척 : 1/400)

* 건축가능영역의 이격조건 – 전면 : 5m 이격, 측면 : 3m 이격, 후면 : 4m 이격, 공동구 중심에서 2m 이격
* 주차장 설치 가능영역의 이격조건 – 전면 : 3m 이격, 측면 : 1m 이격, 후면 : 2m 이격

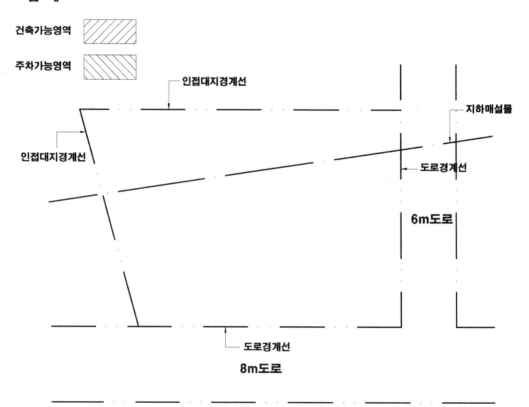

익힘문제 4.   건축가능영역 설정하기 2.

아래의 대지조건에 따라 단면적으로 건축가능한 영역을 도식하시오
(축척 1 : 300)

- 지역, 지구 : 일반주거지역
- 각층의 층고는 4m 이상, 최대 3층 이하, 1층바닥의 표고는 지표면의 표고와 동일,
  기타 현행법령내 준수
- 대지경계선에서 2m 이격

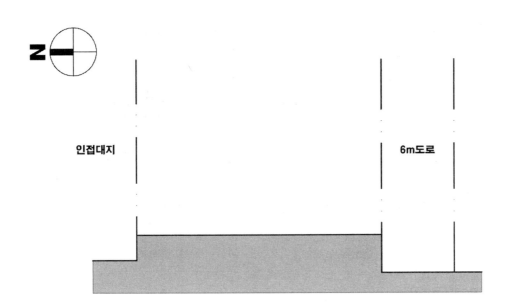

인접대지   6m도로

대지단면도
SCALE : 1/300

02. 답안 및 해설

답안 및 해설 1.   막다른 도로길이 이해하기 답안

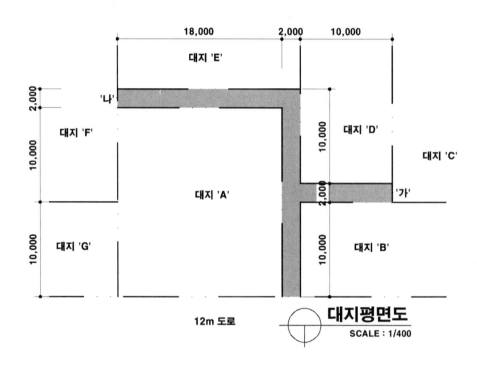

〈답안1〉

구분	도로길이	소요폭
'가'점	10-2=8m	길이 10m 미만 : 2m
'나'점	20+1+1+18=40m	길이 35m 초과 : 6m

〈답안2〉

구분	도로길이	소요폭
'가'점	10+11=22m	길이 35m 미만 : 3m
'나'점	20+1+1+18=40m	길이 35m 이상 : 6m

답안 및 해설 2.   건축선 정리하기 답안

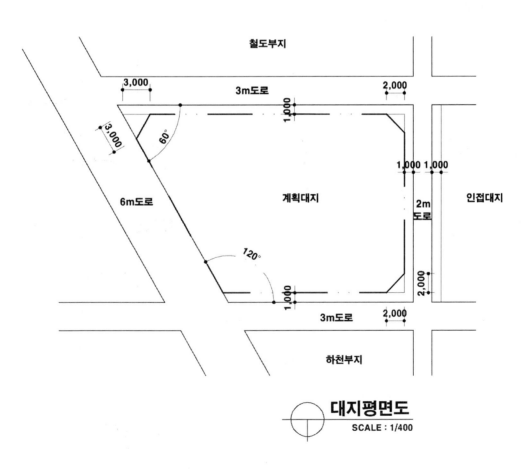

철도부지

3,000   3m도로   2,000

3,000   60°   1,000

1,000 1,000

6m도로   계획대지   2m
도로   인접대지

120°   2,000

1,000

3m도로   2,000

하천부지

대지평면도
SCALE : 1/400

답안 및 해설 3.   건축가능영역 설정하기 1. 답안

* 범 례

건축가능영역

주차가능영역

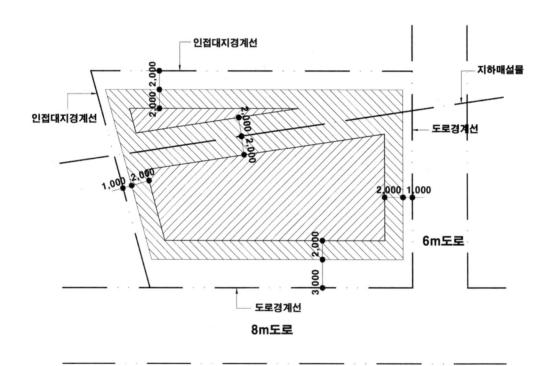

대지평면도
SCALE : 1/400

답안 및 해설 4.   건축가능영역 설정하기 2. 답안

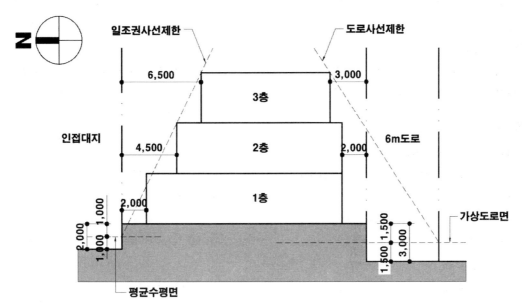

대지평면도
SCALE : 1/300

4 연습문제 및 해설

01. 연습문제

연습문제　제목 : 근린생활시설 최대건축가능영역

1. 과제개요

대지현황도에 제시된 계획대지내에 근린생활시설을 신축하고자 한다. 아래 사항을 고려하여 최대건축가능영역을 구하시오.

2. 대지개요

(1) 용도지역 : 제2종 일반주거지역 (인접대지 모두 동일)

(2) 건폐율, 용적률 : 고려하지 않음

(3) 건축물 규모 : 지하 1층~지상 최대층

(4) 층고

　① 지하 1층 : 4m

　② 지상층 : 4m(단, 지상 1층은 5m)

(5) 현황도상의 모든 도로는 통과도로이다.

3. 계획조건

(1) 계획대지는 〈대지현황도〉 참조

(2) 지하 1층의 바닥레벨은 하천의 레벨(EL+7.0)보다 낮아지지 않도록 한다.

(3) 지하 1층의 외벽은 지상 1층 외벽과 동일수직면으로 계획한다.

(4) 휴게마당 2개소

　① 정서방향의 인접대지경계선에 접하여 폭 8m, 유효높이 10m 이상의 공간을 각각 최대한 확보

　② 계획대지 레벨과 동일하게 계획하며, 건축물 외벽과 2m 이격

(5) 각 층 바닥의 최소폭은 6m 이상 확보한다.

4. 이격거리 및 높이제한

(1) 건축물의 외벽은 다음과 같이 이격거리를 확보

구분	이격거리
도로경계선	4m
인접대지경계선	2m

(2) 일조 등의 확보를 위하여 정북방향의 인접대지경계선으로부터 띄어야 할 거리는 다음과 같다.

　① 높이 9m 이하인 부분 : 1.5m 이상

　② 높이 9m 초과하는 부분 : 해당 건축물 각 부분 높이의 1/2 이상

(3) 계획대지의 북쪽에 있는 문화재보호구역 경계선의 지표면(EL+10.0m)에서 높이 7.5m인 지점으로부터 그은 사선(수평거리와 수직거리의 비는 2:1)의 범위 내에서 건축 가능하다.

5. 도면작성 요령

(1) 배치도에는 최대건축가능영역을 실선으로 표현하고 〈보기〉와 같이 표시한다.

(2) 배치도에서 중복된 층은 그 최상층만 표시한다.

(3) 모든 제한선, 이격거리, 층수 및 치수를 배치도와 단면도에 표기한다.

(4) 단위 : m

(5) 축척 : 1/800

6. 유의사항

(1) 제도는 반드시 흑색연필로 한다.

(2) 명시되지 않은 사항은 현행 관계 법령의 범위 안에서 임의로 한다.

〈대지현황도〉 축척 : 없음

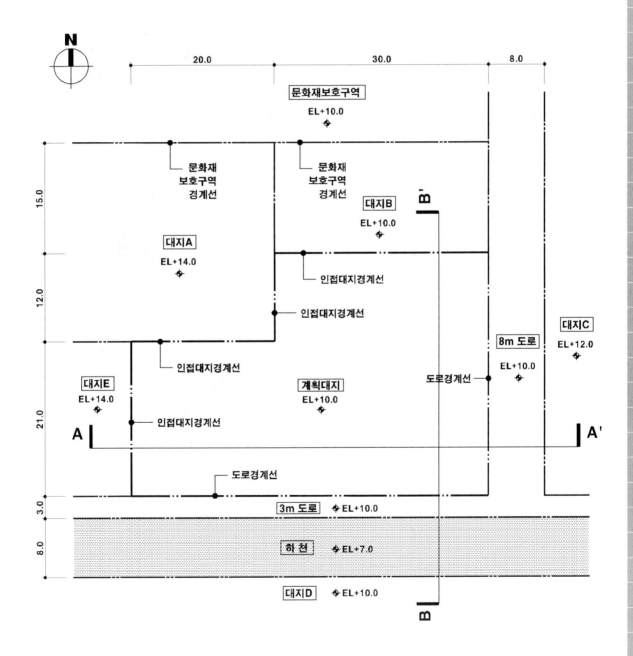

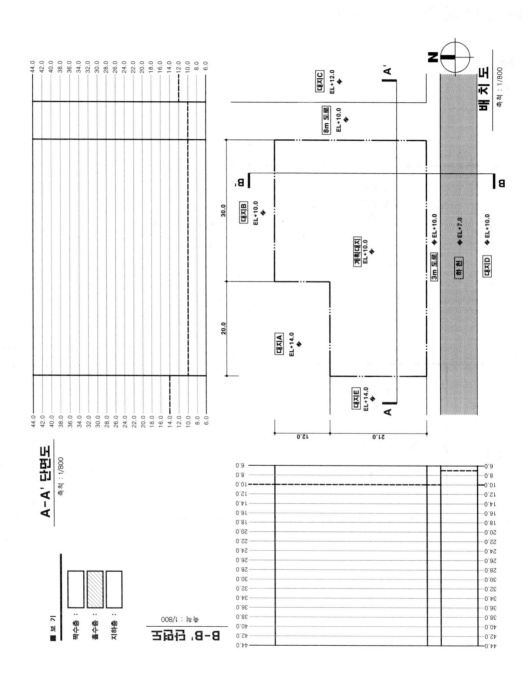

02. 답안 및 해설

답안 및 해설 | 제목: 주거복합시설의 최대 건축가능영역

(1) 설계조건분석

- 일반주거 지역.
  - 건폐율. 용적률 ✕
  - 지하1F ~ 지상최대
    ↓   ↓
    층고 4m   1F : 5m
                        2F이상 : 4m.

  - 1F 레벨 = B1 레벨 7.0 + 층고 4.0 = 11.0
    → 지하1층레벨 ≥ 하천레벨 (+7.0)
    (레벨이 높으면 최대건축가능 영역 확보에
      불리함 → 따라서 B1 레벨 = 7.0)

  - 기본이격 ┌ 4m : 건축선
            └ 2m : 인접대지

  - 정북 : 가중평균 △12.0 △10.0
  - 문.사 : 7.5 → △7.5
  - 휴게마당 2개소 : 정서방향인접대지
    (각 +10.0 , 2m이격)   폭 8m, 유효높이 10m

(2) 대지분석

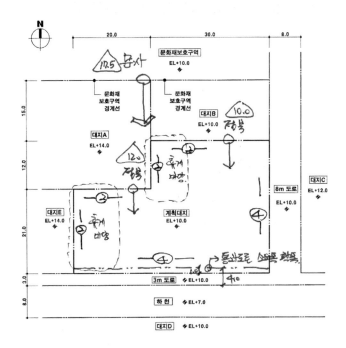

(3) 건축가능영역

층	대지A 정북 /12.0		문사 /10.5			대지B 정북 /10.0		문사 /10.5 -15	
7	28	14	22.5	45	⑱	30	15	45	㉚
6	24	⑫	18.5	37	10	26	13	37	㉒
5	20	⑩	14.5	29	2	22	11	29	⑭
4	16	⑧				18	⑨	21	6
3	12	⑥				14	⑦		
2	8	1.5				10	⑤		
1	4	1.5				6	1.5		
기본너비	②		2			②		2	

(4) 건축가능영역 계획

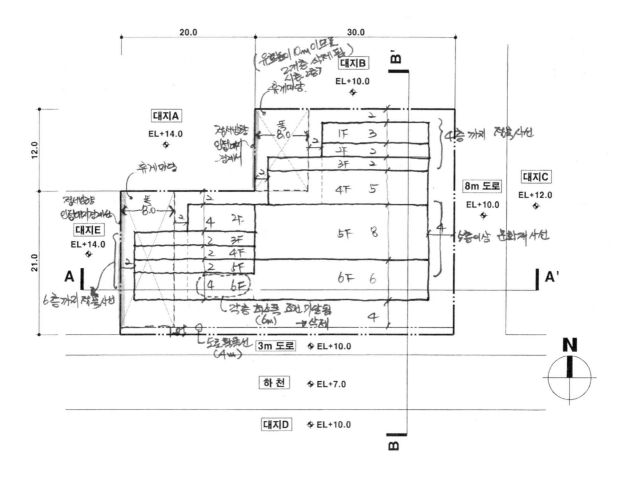

(5) 답안분석

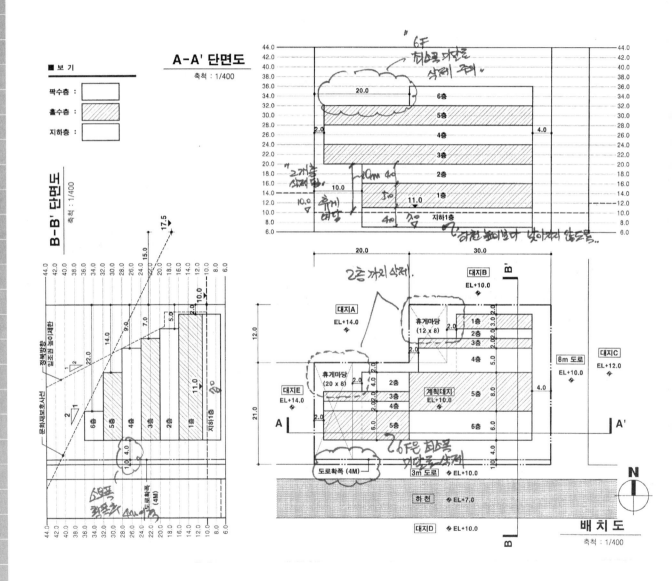

(6) 모범답안

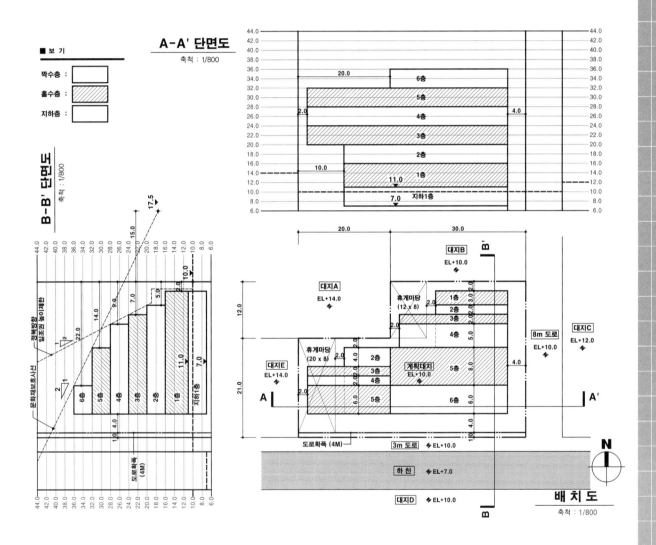

제2장

지형계획

① 개요

01. 출제기준

⊙ 과제개요

'지형계획'과제에서는 지형 등 자연환경을 최대한 보존하면서 대지를 조성케 하고, 제시된 설계 조건에 따라 대지의 지형을 조정하게 함으로써 설계조건에 대한 이해력과 대지조성 관련 지형계획 능력을 측정한다.

⊙ 주요 설계조건

① 대지의 지형 및 지질
② 대지 내 우수의 흐름, 공동구, 우수관, 오하수관
③ 대지 내 기존 건축물 및 구조물, 수목 상태 등

이 기준은 건축사자격시험의 문제출제 및 선정위원에게는 출제의 중심 내용과 방향을 반영하도록 권고·유도하고, 응시 자에게는 출제유형을 사전에 파악하게 하기 위한 것입니다. 그러나 문제출제 및 선정위원에게 이 기준의 취지를 문자 그 대로 반영하도록 강제할 수 없으므로, 응시자는 이 점을 참고하여 시험에 대비하시기 바랍니다.

−건설교통부 건축기획팀(2006. 2)

02. 유형분석

1. 문제 출제유형(1)

✚ 등고선 조정 및 건축물 배치(포장 바닥 높이 결정 포함)

주어진 지형의 고저를 조정하고 대지 안에서 우수의 흐름을 원하는 방향으로 유도하며, 지질조사 결과물을 이해하고 활용하는 능력을 평가한다.

예1. 주어진 대지의 형상과 지질조사 결과를 고려하면서, 건물을 적절한 위치에 배치하고 우수가 원만하게 흐를 수 있도록 등고선을 변경한다.

예2. 도시 안에 있는 대지에서 각 지점마다 포장할 바닥의 높이를 결정하고 공동구, 우수관, 오하수관 등을 고려하여 우수처리를 계획한다.

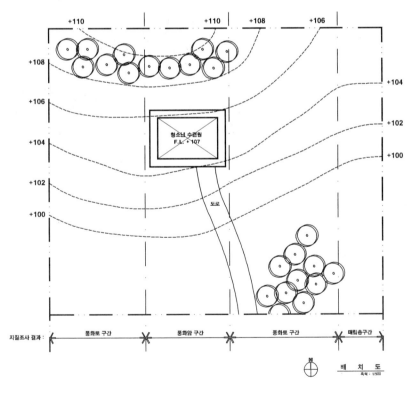

[그림 2-1 지형계획 출제유형 1]

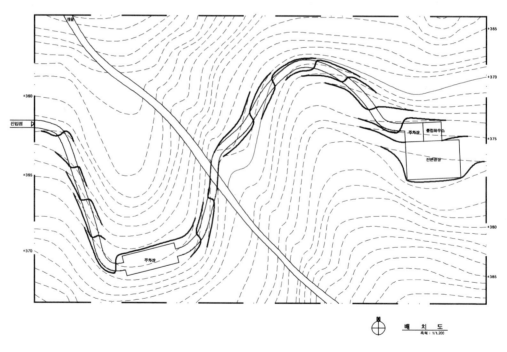

2. 문제 출제유형(2)

✚ 기존 자연지형 유지 조건부 건축계획

주어진 자연지형을 최대한으로 살리면서 필요한 면적을 가진 시설을 계획하는 것을 측정한다.

예1. 아직 개발되지 않은 경사지에 클럽하우스와 부속 시설을 계획하는 경우, 진입하는 지점에서 직접 보이지 않도록 지형을 조절하며 필요한 시설과 면적을 나타낸다.

예2. 경사지에 이미 설치된 건물과 옥외 구조물을 이용하여 지형을 최대한 유지하도록 여러 개의 증축 건물을 배치한다.

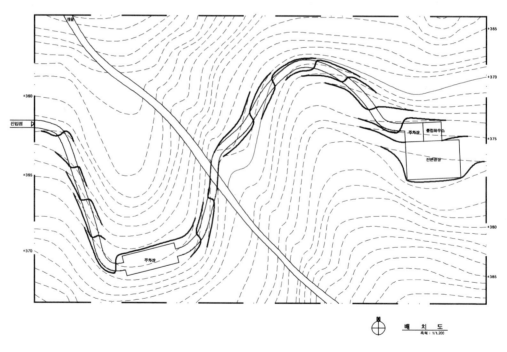

[그림 2-2 지형계획 출제유형 2]

3. 문제 출제유형(3)

✚ 대지 단면 조건에 따른 건축물 배치

예. 계획대지의 단면 조건에 맞추어 요구규모(평면과 단면의 크기)의 건축물을 배치하는 능력
을 측정한다. 이 유형은 대지단면과 함께 출제한다.

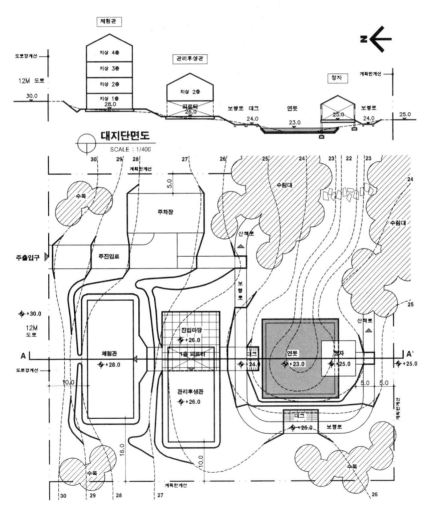

[그림 2-3 지형계획 출제유형 3]

01 지형계획의 이해

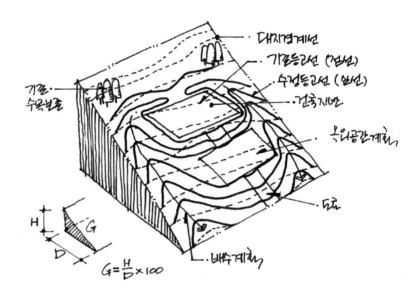

[그림 2-4 지형계획의 이해]

1) 대지경계선

지형의 조정은 대지경계선 내에서만 이루어져야 한다.

2) 등고선

① 기존의 등고선은 점선으로 나타내며 현 지반의 상황을 보여준다.

② 수정등고선은 대지계획에 적합하도록 조정된 후의 정지된 등고선을 의미하며, 실선으로 표시한다.

3) 건축지반 계획

수평지반으로 계획하며 동일한 등고선에 의해 주변이 둘러싸이는 형상이다.

4) 옥외공간 계획

허용경사도의 범위 내에서 지형을 조정하며 경사도에 따른 등고선의 이격거리와 집수정이나 배수 요구 방향 등을 고려한다.

● 지형조정

① 건축지반 : 평지조성
② 도로 및 보행로 : Crown 형태

● 건축지반계획

우수가 유입되지 않도록 건축지반 레벨보다 낮은 등고선으로 주변을 감싸준다.

● 도로길이 계획

도로의 높이차(H), 도로의 경사도(G)를 고려하여 도로길이 산정

● 지형계획의 목적

지형계획은 현황대지를 계획시설물과 조화롭게 만들기 위해 필요한 대지의 정지(Grading)작업을 의미한다.
대지계획에서 요구하는 건축가능영역의 분석에 따라 계획시설물의 위치를 결정할 때 지형적 조건이 적합한가를 분석하게 되며 이를 토대로 대지를 성·절토하여 정지 작업을 하거나 시설물의 위치를 조정하게 된다.
즉, 지형계획은 대지의 현황을 고려하여 지형을 적절하게 정지함으로써 대지개발이 합리적으로 이루어질 수 있도록 하는 데 그 목적이 있다.

5) 도로 및 보행로 계획

허용경사도의 범위 내에서 이격거리에 의한 등고선으로 나타내며, 도로 배수를 위한 크라운(crown)과 주변 배수로 계획을 고려한다.

6) 배수계획

① 배수는 주변의 대지로 흘러들지 않도록 주의한다.

② 건축지반으로 우수가 흘러들지 않도록 배수로를 계획한다.

③ 도로의 우수관 등 도시기반시설이나 집수연못 등을 활용한 배수계획을 고려한다.

7) 경사도

각 기능 및 조건에 맞는 허용경사도를 준수하며, 적정한 경사도의 반영 여부는 등고선의 간격으로 확인할 수 있다.

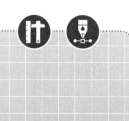

02 대지현황 분석

1. 대지 외부 현황

(1) 방위

● 지형계획

지형계획은 시설물이 배치된 경우 적절한 지형조정이 수반되어야 하는 전제를 기본으로 한다.

계획대지에 시설물(건축물, 옥외시설 등)을 배치할 경우 가급적 향을 고려하도록 한다.

건축물은 남향으로 장변이 면하도록(동.서 장축) 배치하여 에너지 효율을 높이도록 하고, 마당과 같은 옥외시설물은 건물의 음영을 피하여 건축물의 남측에 배치되도록 한다.

시설물 배치시 지형조정이 필요할 경우 상기의 조건과 지형이 적합한 곳을 선택하여 배치하여야 한다.

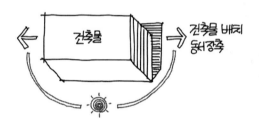

[그림 2-5 건축물과 방위]

(2) 도로

계획대지에 시설물을 배치하고 동선을 연결하여야 하므로 도로에서 접근성과 대지 내에서 이동성을 고려하여 대지진입구 및 내부도로를 계획하여야 한다.

이때 기존 도로는 지형을 조정하여서는 아니되므로 도로의 경사가 완만한 곳에 진입구를 설치한다.

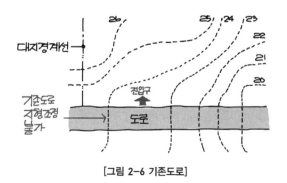

[그림 2-6 기존도로]

(3) 하천 및 호수

① 하천 및 호수는 홍수범람의 위험이 있으므로 충분한 이격거리를 반영하여 시설물을 배치하도록 하며, 지형조정시 발생하는 우수를 하천으로 유입되도록 계획한다.

② 시설물 배치시 하천이나 홍수의 조망을 요구할 수 있으므로 요구된 시설물을 하천과 인접하여 배치한다.

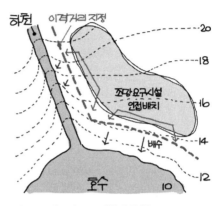

[그림 2-7 하천과 호수]

(4) 수목군

대지의 사용범위를 한정하는 요소로 시설물배치 및 지형조정을 제한한다.
최소한 이격거리는 수목군과 시설물 사이에 배수로를 설치할 수 있는 폭을 확보하도록 한다.

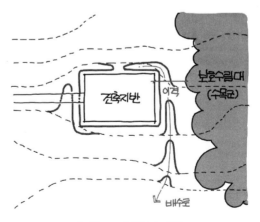

[그림 2-8 수목군과 배치]

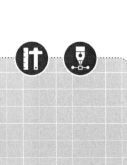

2. 대지 내부 현황

(1) 지형

지형의 형상을 평면상으로 표현하기 위해 등고선을 활용한다.

1) 등고선의 이해

① 지표면의 형상은 도면상에서 등고선으로 표현되며 등고선에 의한 일정한 높이
차의 지형을 표현하는 것이 지형도이다.

② 등고선은 일정한 높이에서 산을 자르면 보여지는 것이나, 수면의 일정한 높이
가 호숫가의 선으로 나타나는 것 등으로 이해할 수 있다. 즉, 등고선은 동일한
높이의 모든 점들을 연결하는 가상의 선이다.

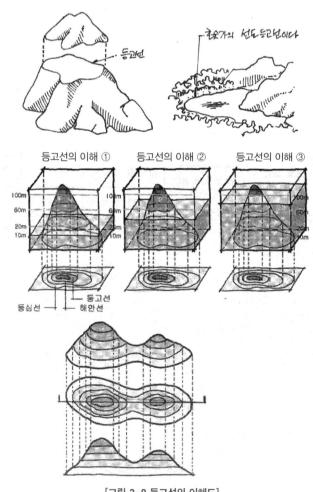

[그림 2-9 등고선의 이해도]

● 등고선의 기준

모든 등고선은 지표면상의 어느 수평면을 나타내는 것이기 때문에 폐쇄곡선이라 할 수 있다.

● 등고선의 종류

① 주곡선 : 일반등고선
② 계곡선 : 5번째 등고선으로 진하게 표시
③ 간곡선 : 주곡선의 1/2
④ 조곡선 : 간곡선의 1/2 (주곡선의 1/2)

2) 등고선의 기준

등고선은 지형도를 이해할 수 있도록 일정한 기준을 정하여 표현한다.

① 기존의 등고선은 점선으로 나타낸다. (주곡선)

② 다섯번째의 등고선마다 진한 선으로 표현한다.(계곡선)

③ 계획(수정)된 등고선은 실선으로 표현한다.

④ 등고선의 표고는 각 등고선의 높은 쪽에 표현하거나 선상의 중간에 기입한다.

⑤ 도면의 축척이 작을수록 등고선의 높이차는 커진다.

⑥ 험난한 지형에서는 등고선의 높이차가 큰 반면에, 평탄한 지역에서는 등고선의 높이차가 작다.

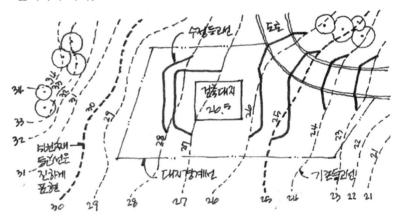

[그림 2-10 등고선의 작도방법]

[그림 2-11 등고선의 흐름을 읽을 수 있는 경작지]

● **지형도**

등고선에 의해서 이루어진다.

3) 지형도

① 지형도는 항공사진이나 측량을 통해 제작되며, 특히 항공사진은 동일한 고도를 나타내는 선, 즉 등고선을 결정하기 위해서 특수한 장비를 사용하여 스캐닝한다.

② 지형도는 지표면의 형상을 보여주는 지도이며, 지형측량을 통하여 지표면상에서 고도의 변화를 쉽게 파악할 수 있는 지도를 제작하는 것이다.

③ 지형도는 일반적으로 지표면의 해발고도 외에도 대지경계선, 도로, 건축물, 수목 등을 보여준다.

④ 지형도는 지표면의 수평투영 형태에서 임의의 레벨 차이의 거리를 나타내는 선으로 이루어지며, 그 선을 등고선이라 한다. 즉, 수평거리와 수직높이의 관계에 의해서 지형도는 작성된다.

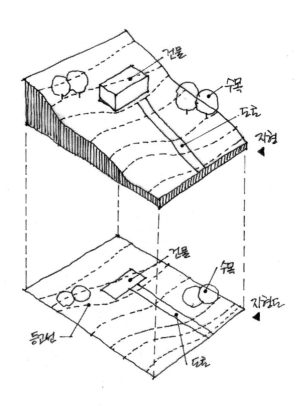

[그림 2-12 지형도의 원리]

4) 경사도

① 각각의 등고선의 높이차를 기준으로 경사도를 이해한다. 등고선의 높이차가 1m이고 거리가 10m라면 경사도는 $\frac{1}{10}$ 이 되는 것이다.

② 경사도의 표현은 비율경사 또는 비례경사로 표현한다.

· 비율경사 : $G = \dfrac{H}{D} \times 100$

· 비례경사 : $G = \dfrac{H}{D}$

※ : 경사도, : 등고선간 거리, : 등고선간 높이차

③ 대지내의 등고선 높이차와 거리를 파악하여 경사도가 완만한 지형 또는 급한 지형을 이해하고 배치조건과 지형조정에 적절한 곳을 찾아 시설물을 배치하도록 한다.

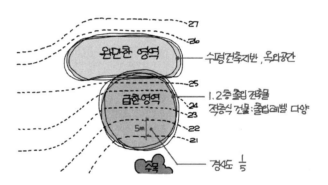

[그림 2-13 지형과 시설물 배치]

(2) 수목

대지내 수목의 보호는 시설물 및 지형조정을 제한하는 요소가 된다. 특히 지형조정시 수목내에서는 성토. 절토가 이루어지지 않도록 한다.

(3) 건축물 및 시설물

지형계획은 요구 시설물 배치후 지형 조정을 하여야 한다. 대지내에 건축물 및 시설물이 제시되어 있다면 주어진 위치에 적절한 지형계획만을 요구하는 것이다. 제시된 경사도를 고려하여 조정 등고선의 간격과 배수로 등을 표현하도록 한다.

(4) 실개천

① 대지내 제시된 실개천(개천 포함)은 대지의 영역을 나누어 시설물 배치를 요구할 수 있다. 대지의 성격을 파악하여 공적영역에는 이용성이 많은 시설물을 배치하고 사적영역에는 프라이버시를 확보해야 하는 시설물을 배치한다.

② 실개천의 홍수범람은 고려하여 시설물 배치시 적절 이격거리를 확보하고 배수로는 실개천 방향으로 설치하여 계획한다.

03. 지형계획

1. 지형의 이해

(1) 지형의 특성

지형은 대지 지표면의 형상이나 토지형상을 도면화시킨 것이다. 이렇게 표현된 지형도는 토지이용계획의 중요한 자료가 되며, 대지계획에 필요한 정보를 제공한다. 지형도는 기본적으로 등고선에 의해 표현되며, 대지의 급함이나 완만함 등 대지특성을 나타낸다.

① 지형은 대지 지표면의 특성을 표현하며, 이에 따른 건축계획의 정보를 제공한다.
   지형정보는 토지이용, 대지내 동선, 각종 설비공급, 건물의 위치 및 옥외시설물의 배치 등에 지대한 영향을 미치고 있다.

② 대지분석이나 대지조닝에서 지형의 경사도 및 대지활용성 등의 분석에 지형도는 많은 기여를 하고 있으며, 대지계획에서도 지형정보는 중요한 계획요인이 된다.

③ 지형도는 경사면, 능선, 계곡, 구릉, 분지 및 배수패턴 등을 암시하기 때문에 토지의 특성을 이해할 수 있도록 해준다. 따라서 지형은 대지개발에 있어서 중요한 결정요인이다.

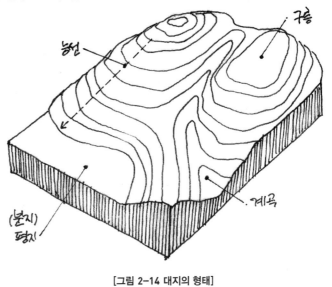

[그림 2-14 대지의 형태]

(2) 지형의 형상

등고선으로 표현되는 지형을 정확히 이해하는 것은 지형계획에서 쉽게 그 대지의 특성을 파악하여 지형조정을 할 수 있도록 도와준다.
다음의 유형들은 전형적인 지형 형태들이다.

1) 균일한 경사면(일정한 경사면)

① 일정한 등고선 간격으로 나타난다.
② 단면의 형태가 일정한 삼각형의 형상을 보여준다.

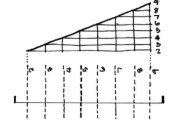

2) 기복이 있는 경사면

등고선의 간격이 일정하지 않고 불규칙적으로 나타난다.

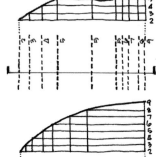

3) 볼록한 경사면

고도가 높은 쪽으로 갈수록 등고선 간격이 넓어지며 낮은쪽으로 갈수록 등고선 간격이 좁아진다.

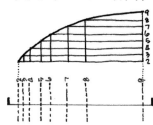

4) 오목한 경사면

고도가 높은 쪽으로 갈수록 등고선 간격이 좁아지고 낮은쪽으로 갈수록 등고선 간격이 넓어진다.

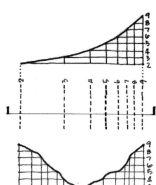

5) 계곡의 지형

고도가 높은 쪽으로 배가 부른 형태의 등고선으로 나타난다.

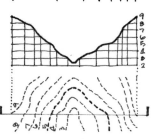

[그림 2-15 대지단면과 등고선의 관계 1]

6) 능선의 지형

고도가 낮은 쪽으로 배가 부른 형태의 등고선으로 나타난다.

7) 구릉 및 분지의 지형

폐곡선의 연속에 의해 표현되며 그 중심이 높은 고도일 때가 구릉이되며, 그 중심이 낮은 고도일 때가 분지가 된다.

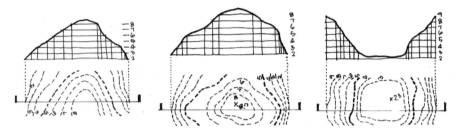

[그림 2-16 대지단면과 등고선의 관계 2]

8) 일반적인 지형 등고선의 표현

구릉은 폐곡선의 형태로 나타나야 하며 올바른 예와 잘못된 표현을 이해하도록 한다.

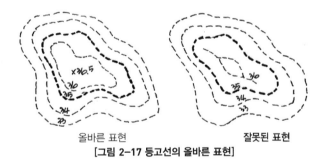

올바른 표현   잘못된 표현
[그림 2-17 등고선의 올바른 표현]

9) 등고선의 교차

등고선은 절벽 및 동굴 등의 조건을 제외하고는 교차되어 표현될 수 없다.

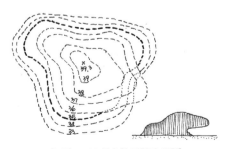

[그림 2-18 특수한 지형의 표현]

●등고선의 표현 예

등고선은 일반적 조건에서는 교차되거나 분기 또는 합류할 수 없다.

10) 등고선을 이용한 지형의 형상 표현

다음은 등고선의 일반적 특성을 설명한 것이다.

ⓐ 등고선 : 같은 선상에 있는 모든 점들은 동일한 고도로 구성

ⓑ 동일레벨의 등고선 : 계곡하부, 능선상부에서 동일한 높이의 등고선은 하나에
서 둘로 나누어지지 않음

ⓒ 등고선의 돌출부 : 절벽, 동굴 등의 지형을 제외하고는 교차 불가

ⓓ 균일한 경사면 : 동일한 간격의 등고선으로 표현

ⓔ 급한 경사면 : 등고선의 간격이 좁은 경우

ⓕ 완만한 경사면 : 등고선의 간격이 넓은 경우

ⓖ 볼록한 경사면 : 고도가 높아질수록 등고선 간격이 넓어짐

ⓗ 오목한 경사면 : 고도가 높아질수록 등고선 간격이 좁아짐

ⓘ 계곡 : 고도가 높은 쪽으로 배가 부른 형태

ⓙ 능선 : 고도가 낮은 쪽으로 배가 부른 형태

ⓚ 구릉 또는 분지 : 폐곡선의 등고선으로 나타남

ⓛ 평탄한 면 : 평행한 동일 고도의 등고선은 평탄면을 나타냄

ⓜ 배수 : 경사가 가장 급한 등고선의 수직한 최단거리 방향

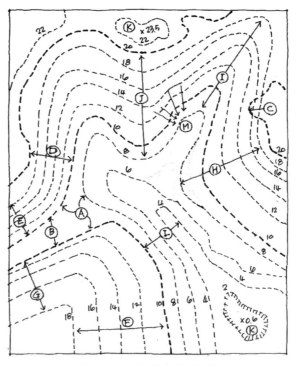

[그림 2-19 등고선의 여러 형태]

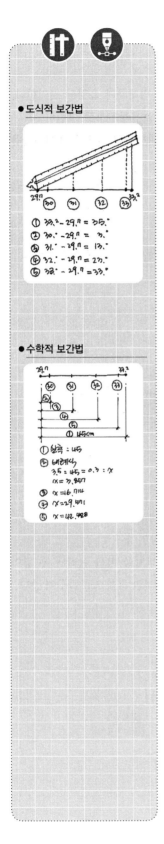

(3) 지형의 기타표기 방법

1) 지점고도(Spot Elevation)

① 지점고도는 특정지점을 해발고도로 표기하여 나타내는 방법을 말한다.

② 지점고도는 고점이나 저점, 연석의 상단, 벽체의 하단, 수목의 기단, 건물의 바닥레벨, 건물모서리 등을 나타낼 때 활용된다.

③ 등간격의 그리드상에서 지점고도에 의한 등고선을 결정할 때에는 도식적 보간법이나 수학적 보간법을 적용한다.

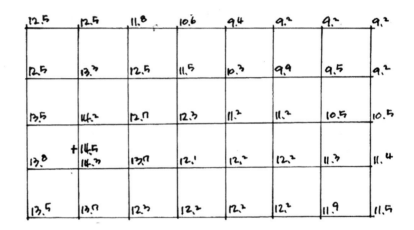

[그림 2-20 지점고도 그리드]

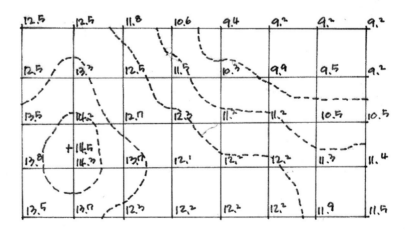

[그림 2-21 지점고도 그리드에 의한 등고선 작도]

2) 음영법(Shading Elevation)

① 지면의 형상을 표현하기 위하여 경사면을 경사도에 비례하여 음영을 처리한다. 음영은 선으로 표현하며 경사의 직각방향이나 물의 흐름방향으로 그린다.

② 급한 경사면은 표현선들의 간격을 좁게 표현하며, 완만한 경사면은 표현선들을 넓게 표현하여 음영의 강약으로 표현한다.

③ 음영법에 의한 선영도는 지표면을 생생하게 나타내지만, 등고선의 고도 등을 표현하지 않으므로 정확한 고도의 확인이 어렵다.

④ 선영법
  • 짧고 연결되지 않는 선들을 경사에 직각방향이나 물의 흐름방향으로 그림
  • 연속되는 2개의 등고선 사이에 음영선을 그림

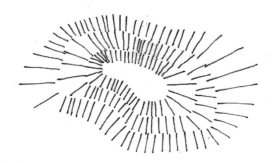

[그림 2-22 음영법에 의한 등고선 작도]

3) 모형(Relief Scale Model)

① 대지의 전반적인 형태를 이해하기 위한 가장 좋은 방법이다.

② 등고선 높이차를 표현할 수 있는 재료를 등고선의 모양을 따라 잘라낸 후 쌓아 올리는 방법으로 만들어지며 등고선의 평면을 3차원적인 모형으로 바꾸어 준다.

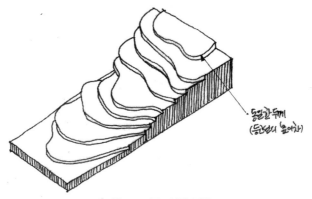

[그림 2-23 등고선의 모형]

● 지형의 평면도와 3차원 모형

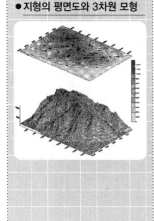

2. 배치계획

(1) 시설물 배치

1) 기능고려

건축물 및 옥외시설물 계획시 제시된 기능을 반영하여 배치하도록 한다. 향, 조망, 인접, 근접, 연결 등의 기능적 관계를 분석하여 대지의 적절한 위치에 건축물 및 옥외시설물이 배치되도록 한다.

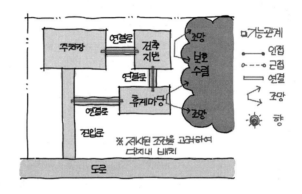

[그림 2-24 시설물 배치]

2) 각론고려

기능 관계가 제시되지 않은 경우 각론을 최대한 고려하여 배치한다. 시설물의 공적, 사적, 동적, 정적 성격을 분석하고 대지의 적합한 위치에 배치한다.

3) 지형의 특성 고려

① 완만한 경사지에는 일반적인 건축물 및 옥외시설물을 배치한다. 수평지반이나 완만한 경사도를 요구하는 시설물 배치에 적합하다.
② 급한 경사지는 서로 다른 층별 출입이 필요하거나 적층식 시설물 배치에 따른 여러 레벨의 접근이 필요한 경우의 시설물 배치에 적합하다.

3. 지형계획

(1) 지형조정의 기본원칙

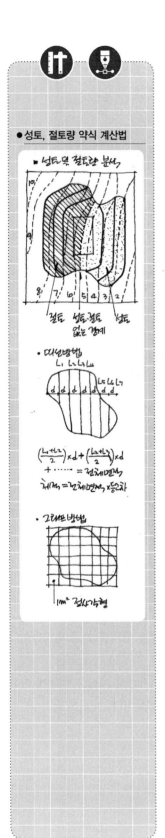

① 대지 내 성토 및 절토량을 동일하게 하여 경제적 지형계획을 고려한다.
② 기존의 지형, 지반을 최대한 보존한다.
③ 표토는 보존 및 이용을 최대한 고려한다.
④ 양호한 식생은 가능한 한 보존한다.
⑤ 도로 및 배수로의 지형계획은 요구조건을 반영하여 합리적이고 안전한 계획이 되도록 한다.
⑥ 추후에 계획 변경을 초래하지 않도록 지반, 지질, 토량균형 등의 제약조건을 고려하여 안전한 향으로 계획한다.
⑦ 대지계획은 지형 조정을 필요로 하지만, 자연환경을 최대한 유지하기 위해서는 지형변경을 최소화하여야 한다.
⑧ 토지의 지표면을 변경시키는 지형계획에는 토사를 제거하는 방법(절토)과 토사를 추가하는 방법(성토)의 2가지가 있다.
⑨ 성토량과 절토량을 가능한 범위내에서 일치시킬때 경제적인 지형계획이 된다.
⑩ 절토와 성토에 의한 지형변경은 다음과 같다.
⑪ 절토 : 높은 고도 쪽으로 이동된 등고선으로 나타난다.
⑫ 성토 : 낮은 고도 쪽으로 이동된 등고선으로 나타난다.

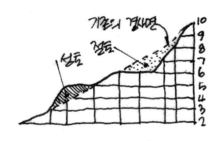 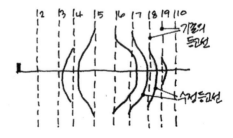

[그림 2-25 성토와 절토]

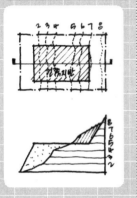
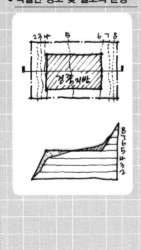
(2) 건축지반 지형계획

1) 지형조정의 유형

건축지반은 주로 평지의 형태로 요구되며 등고선을 조정하여 평지의 지형을 나타
내는 원리를 이해하여야 한다.

평지로 지형조정을 하는 방법은 토지의 절토 및 성토에 따른 4가지 유형으로 분류
할수 있다.

① 경사면을 절토하는 방법　　　　　② 경사면을 성토하는 방법

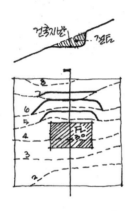
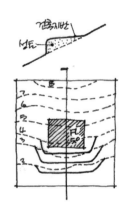

[그림 2-26 성토지반과 절토지반]

③ 절토와 성토를 병행하는 방법　　　④ 수평지반을 조성하는 방법
　 : 가장 보편적인 지형계획 방법

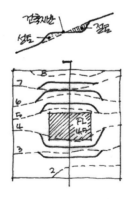
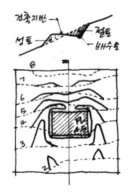

[그림 2-27 성토와 절토의 병행]

2) 건축지반 지형계획의 사례

① 사례 1

건축지반은 주로 평지로 조성되며 건축지반의 우수 유입방지를 위하여 배수로를 계획한다.

- 성토에 의한 건축지반 조성
  - 낮은 고도쪽으로 이동된 등고선으로 표현한다.

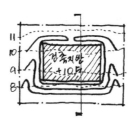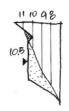

• 성토에 의한 건축지반(평면도)　　• 성토에 의한 건축지반(단면도)

[그림 2-28 과도한 성토]

- 절토에 의한 건축지반 조성
  - 높은 고도 쪽으로 이동된 등고선으로 표현한다.

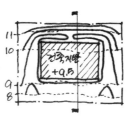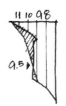

• 절토에 의한 건축지반(평면도)　　• 절토에 의한 건축지반(단면도)

[그림 2-29 과도한 절토]

- 절토 및 성토에 의한 건축지반 조성
  - 절토량과 성토량을 동일하게 계획된 경제적 토공사가 되도록 한다.

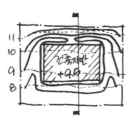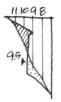

• 성 · 절토에 의한 건축지반(평면도)　　• 성 · 절토에 의한 건축지반(단면도)

[그림 2-30 성토와 절토의 균형]

② 사례 2

- 건축지반이 계획되는 위치에 따라 절토 및 성토계획이 영향을 받게 되므로 합리적 지반계획이 되도록 고려하여야 한다.
- 지형 등고선의 조정을 정확히 이해하여야 양호한 수평지반을 형성할 수 있다.

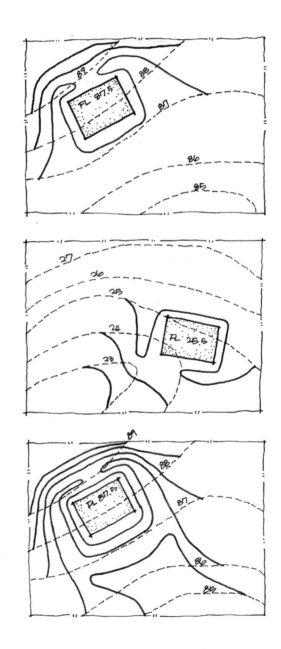

[그림 2-31 잘못된 지형조정]

(3) 옥외 시설물 지형계획

1) 옥외시설물의 경사계획

① 옥외 시설물(주차장, 광장 등)은 수평지반의 형성보다는 일정한 경사를 유지하
  도록 요구될 수 있다.

② 등고선의 높이차와 등고선 거리와의 관계를 이해하도록 한다.

- $G = H/D \times 100$(높이차/거리 × 100)
- $D = H/G \times 100$(높이차/경사도 × 100)

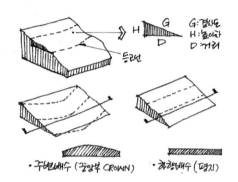

[그림 2-32 경사도의 반영]

2) 옥외시설물과 지점고도

① 옥외공간의 일부에 지점고도가 제시된 경우 이를 활용한 지형조정이 이루어져
  야 한다.

② 지점고도와 등고선이 동일한 경우에는 반드시 등고선이 지점고도를 지나가야
  하지만 등고선과 고도 차이가 있을 경우에는 해당 경사도에 의한 이격거리를
  확보하여 등고선을 조정하여야 한다.

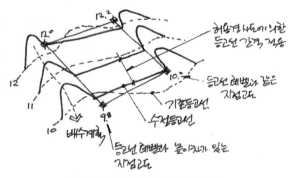

[그림 2-33 지점에 의한 등고선 조정]

● 대지의 용도별 경사도 기준

구 분	이상적 최대경사도
도로	8%
진입도로	10%
건물연결 진입로	4%
주차장, 서비스 공 간	5%

3) 옥외 시설물의 지형계획 사례

옥외 시설물은 지표면에 경사를 두어 배수를 유도하는 표면배수방식의 지형조건이 일반적이며 지점고도(Spot Elevation)와 집수정이 제시된다. 주어진 조건을 정확하게 분석하고 반영하여 요구조건에 부합하는 배수체계 및 배수방향을 만족하도록 계획하여야 한다.

① 표면 배수방식

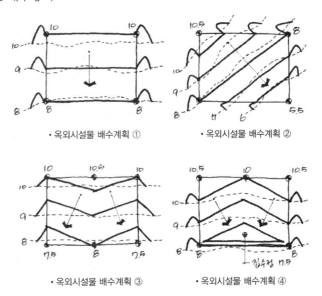

[그림 2-34 표면배수의 표현]

② 집수정 배수방식

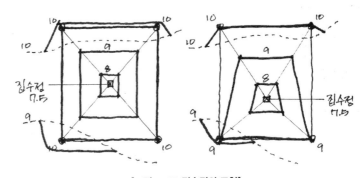

[그림 2-35 집수정의 표현]

● **도로의 길이 산정**

① 도로의 시작 지점과 도달지점의 표고차(3.0m)
② 도로의 경사도(1/10)
③ 전체 도로길이 산정
  (L=3×10=30m)

(4) 도로의 지형계획

1) 도로계획

① 도로의 위치는 소요너비와 허용경사도를 고려하여 배치한다.

② 도로는 일정한 경사도가 유지될 수 있도록 계획한다.

③ 도로는 등고선에 평행하게 배치하는 것이 도로의 이동, 경사도, 절토 및 성토 등의 계획에 유리하다.

④ 급경사지역에서의 도로계획은 피하고, 완만한 경사도가 확보될 수 있는 지역을 선택하여 도로를 계획한다.

⑤ 도로는 구릉보다는 계곡이나 하천을 따라 형성하는 것이 일반적이다.

2) 도로의 지형계획

① 건축지반이나 옥외시설물과 마찬가지로 도로의 지형계획도 토지의 절토와 성토에 따른 유형으로 분류할 수 있다.

- 도로의 절토계획
- 도로의 성토계획
- 도로의 절토 및 성토 계획

② 도로의 허용 경사도를 파악한 후 등고선의 이격거리를 확인한다.

● **도로의 연결 부분**

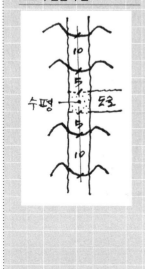

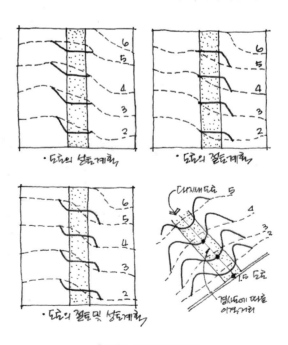

[그림 2-36 도로의 표현]

● **도로의 유형**

- 평탄형
  도로측면에 직각방향의 선으로 표현됨
- 경사형
  도로의 한쪽 면으로 경사진형태. 한쪽 면 배수가 됨
- 크라운(Crown)형
  중앙부가 높은 형태이며 주변 배수가 됨
- 오목형
  중앙부가 낮은 형태이며 중앙으로 배수가 됨

● **도로에 연석이 있는 경우**

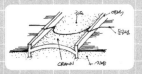

③ 도로의 지형조정을 위한 시작점을 정확하게 확인한다. 일반적으로는 기존 도로와 접하는 부분을 기준으로 등고선을 조정해 나간다.

④ 일반적인 도로에서 등고선은 도로 가장자리 면에 직각방향의 선을 작성한 후 도로면의 형상을 나타낸다.

⑤ 도로면의 형상을 다음의 유형으로 파악하며, 도로의 길이방향으로는 경사도로가 형성될 수 있으며 도로의 단변을 단면상으로 보았을 때의 표현 유형이다.

⑥ 도로에 연석이 있는 경우에는 연석의 형상을 등고선으로 표현할 수 있다.

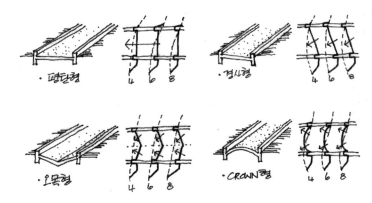

[그림 2-37 도로의 단면과 등고선]

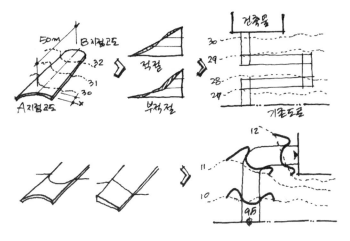

[그림 2-38 도로의 지형계획 사례]

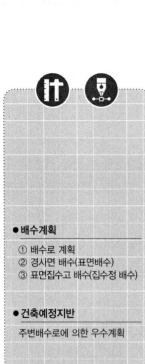
(5) 배수계획

배수계획은 지표면 배수와 지중배수로 구분할 수 있으며, 경제적이며 배수가 원활히 처리될 수 있는 방법은 지표면 배수이다.

지형계획에서 일반적인 배수계획은 지표면 배수를 처리하기 위한 등고선 조정이 요구된다.

1) 지표면 배수

① 배수계획의 원칙
- 물의 흐름은 중력에 의해 일어나므로 배수를 위한 경사 지표면을 만들어야 한다.
- 배수의 방향은 등고선의 직각방향으로 일어난다.
- 적절한 유속이 형성되어 침식이나 습지 등이 형성되지 않도록 하여야 한다.
- 물은 구조물에 영향을 미치지 않도록 충분한 이격거리를 확보하도록 한다.
- 도로나 보행로의 표면으로 배수로의 물이 지나가지 않도록 한다.
- 지표면 배수의 적절한 경사는 다음과 같다.
  - 도로 : 최소 0.5 %
  - 식재지역 : 최소 1%~최대 25%
  - 건물주변 : 최소 2%
  - 포장지역 : 최소 1%
  - 배수로 : 최소 2%~최대 10%

② 배수로계획
- 배수로는 지표면의 유수를 모아 수로를 형성하는 것이다.
- 배수로의 등고선은 높은 고도방향으로 역 V자의 형태로 조정된다.

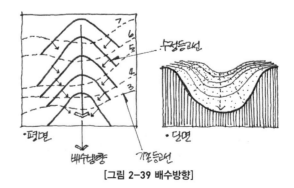

[그림 2-39 배수방향]

● 주차장 배수

③ 경사면 배수

- 평지에서 한방향을 경사지게 하여 배수시키는 방법을 말한다.
- 경사의 방향을 어느쪽으로 처리하느냐에 따라 배수의 방향이 결정되며 대지의 이용용도와 기능적인 측면을 고려하여 배수의 방향을 결정한다.
- 경사면의 중앙을 높게 하거나 낮게 하여 배수를 처리할 수 있다.

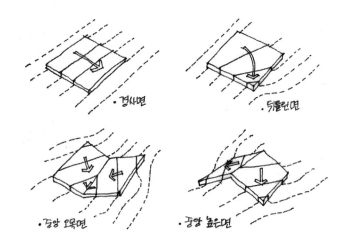

[그림 2-40 배수방향의 변화]

④ 표면 집수구 배수

- 대지의 중앙이나 필요한 부분에 집수구를 설치하여 표면의 배수를 집수한다.
- 표면 집수구 배수는 집수정과 지중의 배수관을 설치하여야 한다.
- 집수구의 고도를 고려하여 주변의 등고선을 조정하여야 한다.

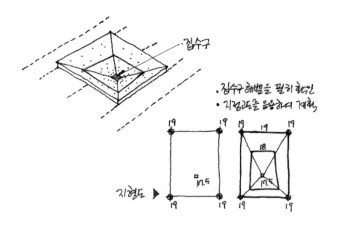

[그림 2-41 집수구 배수]

2) 지중 배수

지중배수는 지표면 아래의 지하수를 제거하는 것을 의미한다.

지표하의 유수를 처리하는 것 외에도 지상의 유수를 처리하기 위한 집수장치나 관의 매설 등도 지중배수의 범위에 포함시킬 수 있다.

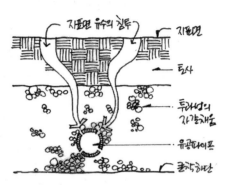

[그림 2-42 지중 배수]

① 바닥 배수

대지의 낮은 부분으로 유수를 모아, 지중배수관을 통해 직접 배수처리한다.

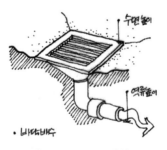

[그림 2-43 바닥 배수]

② 집수정

바닥 배수와 유사하나 낙엽이나 관을 막히게 할 수 있는 불순물을 걸러주기에 용이하다.

[그림 2-44 집수정]

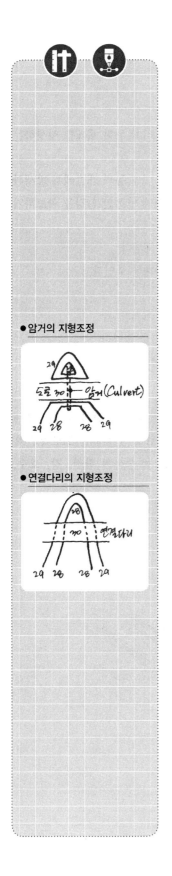
● 암거의 지형조정

● 연결다리의 지형조정

③ 트렌치 배수

• 유수를 지중배수관으로 배수시킬 때 지표면의 일정한 길이를 갖는 집수 장치를 통한 배수 시스템을 일컫는다.

• 지하주차장의 경사로의 시점 및 종점에 유수의 제거를 위해 사용하는 것과 같이 그와 유사한 기능을 필요로 하는 장소에 유용하게 활용할 수 있다.

[그림 2-45 트렌치 배수]

④ 암거(Culvert)

• 도로, 보행로 등의 지표 하부로 배수를 위한 관을 매설하는 것을 말한다.

• 암거는 상부 동선의 통행 하중을 견딜 수 있는 충분한 강도를 확보하여야 하며, 가능한 한 도로 측면에 직각방향으로 가로질러 설치한다.

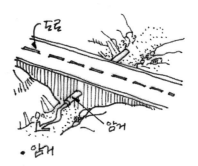

[그림 2-46 암거]

⑤ 지중배수의 일반적 원칙

• 대지 내 기능에 적합한 집수정의 위치를 결정한다.

• 지중에 설치되는 배수관은 직선으로 설치하며, 방향을 변경할 경우에는 집수정을 설치하여 처리한다.

• 지중 배수관이 건물이나 옹벽 등의 구조물 하부를 통과하는 것은 피한다.

• 현황 지표면을 고려한 배수관 설치로 지형훼손 및 굴착깊이를 최소화하도록 한다.

• 여러 개소에서 연결되는 배수관을 처리하기 위해서는 집수정을 활용한 분기 시스템을 활용한다.

3) 배수 시스템(System)

① 배수 시스템의 목적

- 지표에 발생하는 불필요한 우수 및 지표수를 제거하기 위한 체계를 형성하는 것이다.
- 개발밀도가 높은 도시지역이나 구역 또는 대규모 대지 등의 개발에서 발생하는 지표수의 과도한 흐름을 적절히 조정하여 대지에 안전한 환경을 확보하기 위하여 배수시스템을 합리적으로 계획하여야 한다.
- 배수시스템은 다음과 같은 목적을 이루기 위해 설계된다.
  - 필요 없는 우수 또는 지표수를 제거하여 침수 피해를 줄인다.
  - 유수의 양과 속도를 조절하여 침식을 줄인다.
  - 고인 물을 방지하여 오염과 곤충의 발생 요인을 제거한다.
  - 수목의 생장을 촉진하기 위하여 토양으로의 침투를 줄인다.
  - 지반상태를 양호하게 하여 토양의 지내력을 향상시킨다.

② 배수 시스템의 경로

각 건물의 지붕에서 홈통을 거쳐 지반면으로 연결된다. 지반면의 우수는 주변의 지표수와 함께 대지 내 계획된 배수로를 지나 도로에 전달된다. 도로측구 혹은 집수정으로 유입된 배수는 우수관(혹은 배수관)을 통하여 하천, 강, 호수, 바다 등으로 배수된다.

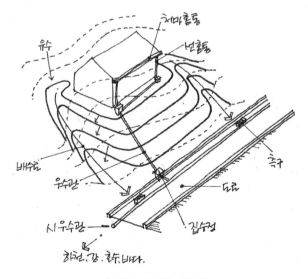

[그림 2-47 배수 시스템]

(6) 옹벽계획

1) 옹벽의 계획

① 급경사 지역에서 일정영역의 평평한 지형을 만들어 내기 위해서는 옹벽이 필요하다.

② 옹벽계획이 되더라도 절토와 성토의 토량은 가능한 한 동일하게 처리되도록 한다.

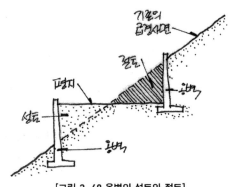

[그림 2-48 옹벽의 성토와 절토]

2) 옹벽과 지형계획

① 지형계획에서 보이는 등고선은 옹벽에 의해 사라졌다가 반대편 옹벽에서 다시 나타나는 것처럼 보인다.

② 등고선은 사라지는 것이 아니라, 옹벽을 따라 해당 등고선이 가려져 있는 것이다.

③ 옹벽의 양단부에 날개벽이 있을 경우 평평한 지형을 만드는 데 유리하다. 즉, 날개벽이 설치되는 부위의 경사면을 제거할 수 있기 때문이다.

④ 옹벽의 양단부에 날개벽이 없을 경우에는 그 토질에 다른 휴식각의 허용 범위 내에서 경사면이 형성되어야 한다.

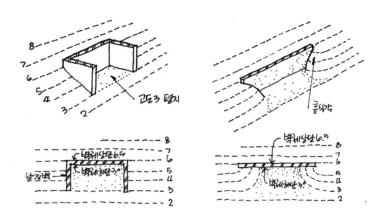

[그림 2-49 옹벽의 등고선 형태]

● 옹벽계획

옹벽에서 지형계획이 이루어질 경우의 평면에서의 표현을 이해한다.
• 측면 날개벽이 있는 경우
• 휴식각으로 처리하는 경우

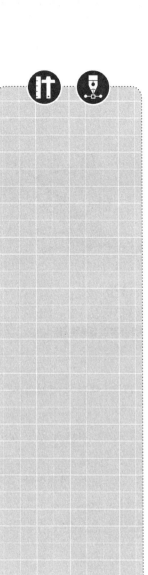

04. 체크리스트

(1) 대지의 현황요소

① 대지의 등고선에 따른 지형을 정확히 이해하였는가?

② 지형을 분석하여 시설물의 배치 위치를 파악하였는가?

③ 대지의 수목 및 암반 등의 제한요소는 파악하였는가?

(2) 배치계획시설의 지형계획

① 건축지반은 제시된 표고를 기준으로 지형조정을 하였는가?

② 옥외공간의 허용경사도에 따른 등고선 간격은 반영하였는가?

③ 도로, 접근로, 보행로 등은 적절한 경사도를 반영하였는가?

④ 연결다리(Bridge) 등의 구조물은 정확히 이해하였는가?

⑤ 지점고도가 주어져 있을 경우 지형계획에 반영하였는가?

⑥ 제시된 구간 외의 인접대지 및 기존도로 등은 지형을 유지하여 계획하였는가?

⑦ 기능적 연관성을 고려하여 시설물을 배치하였는가?

(3) 배수를 위한 지형계획

① 건축지반에는 우수가 유입되지 않도록 하였는가?

② 경사진 옥외시설물 계획시 주변으로의 배수를 고려한 지형계획이 되었는가?

③ 배수는 원활하게 이루어질 수 있도록 지형조정이 되었는가?

④ 배수로가 보행로, 도로 등을 지나야 하는 경우 암거의 설치는 고려되었는가?

⑤ 집수정이 제시된 경우 배수의 방향은 적절한가?

⑥ 집수정의 레벨을 파악하여 등고선을 조정하였는가?

⑦ 집수연못 등이 제시된 경우 배수로의 유도는 적절한가?

⑧ 특별한 조건이 없을 경우에는 도시기반시설이 있는 도로변 쪽으로 배수를 유도하였는가?

(4) 지형계획의 제한요소

① 절토 및 성토량을 고려한 시설물 배치와 지형조정을 하였는가?

② 수목 등의 보존요소는 지형조정시 고려되었는가?

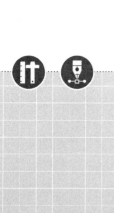

(5) 답안작성의 체크사항

① 작도의 요구조건을 충족하면서 답안을 정확히 작도하였는가?

② 요구시설물 및 조정된 등고선은 실선으로 잘 나타나도록 표현하였는가?

③ 배수의 방향과 등고선의 간격 등은 합리적으로 표현되었는가?

Note

③ 익힘문제 및 해설

01. 익힘문제

| 익힘문제 1. | 지점고도를 이용한 등고선 완성하기 |

측량기사가 제시한 지점고도 표시도면에 정수의 등고선을 표현하시오.

11.4	12.2	12.9	14.3	15.5	16.1
12.8	13.3	14.2	15.8	16.2	16.9
14.4	15.1	16.0	16.7	17.3	17.7
15.5	16.6	17.4	17.9	18.0	19.3
16.2	17.5	18.3	19.1	19.7	20.6

익힘문제 2.   도로의 지형조정

건축예정지반(표고 : 10.75m)과 10m 도로를 연결하는 폭 4m의 보행로를 계획하시오.
(축척 : 1/600)

- 허용경사도 : 1/20 이하
- 대지내의 기존수목은 보호
- 진입구의 레벨은 표고 6.65m

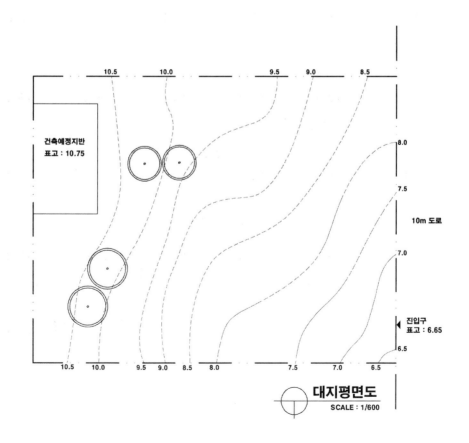

대지평면도
SCALE : 1/600

02. 답안 및 해설

답안 및 해설 1. 지점고도를 이용한 등고선 완성하기 답안

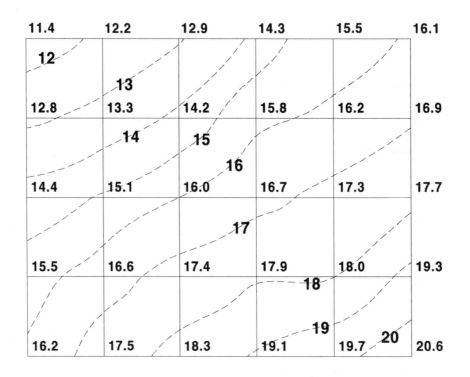

답안 및 해설 2.   도로의 지형조정 답안

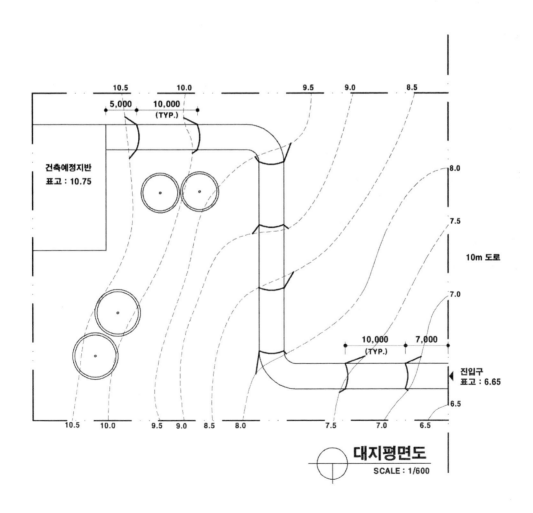

건축예정지반
표고 : 10.75

10m 도로

진입구
표고 : 6.65

대지평면도
SCALE : 1/600

④ 연습문제 및 해설

01. 연습문제

연습문제 **산림휴양관 대지 조성계획**

1. 과제개요

개천이 있는 경사지에 산림휴양시설을 위한 진입로와 산림휴양관 대지를 조성하고자 한다. 아래 사항을 고려하여 합리적이고 원활한 우수처리가 되도록 진입로와 대지를 조성하시오.

2. 설계 조건

(1) 용도지역 : 자연녹지지역, 준보전산지

(2) 산림휴양관 대지 : 30m×20m

(3) 대지는 수평으로 조성하고, 절토와 성토량을 최소화

(4) 대지는 8m 도로경계선에서 최소 60m이상 이격하고, 계획한계선에서 12m 이상을 이격

(5) 대지는 우수가 유입되지 않게 조성

(6) 대지 조성시 우수는 기존 개천과 연못으로 유입

(7) 대지의 장변은 기존도로와 평행되게 조성

(8) 8m 도로에서 방지형 연못까지 너비 4m의 진입로를 조성

(9) 진입로에서 조성대지로의 진입을 위한 연결로는 너비 4m로서, 다리설치도 가능

(10) 진입로의 우수는 가급적 기존 개천으로 유입

(11) 경사도

  ① 진 입 로 : 1/15 이하

  ② 연 결 로 : 1/20 이하

  ③ 조정된 경사면 : 1/3 이하

(12) 옹벽 및 배수관은 설치하지 않음

(13) 기존 개천의 경사도는 현상태를 유지

(14) 기존 보호수림대는 가급적 보존

3. 도면작성 요령

(1) 조정된 등고선은 실선으로 표시

(2) 배수방향은 실선(화살표)으로 표시

(3) 주요치수 기입

(4) 단위 : m

(5) 축척 : 1/1200

4. 유의 사항

(1) 제도는 반드시 흑색연필로 한다.(기타는 사용금지)

(2) 명시되지 않은 사항은 현행 관계 법령의 범위안에서 임의로 한다.

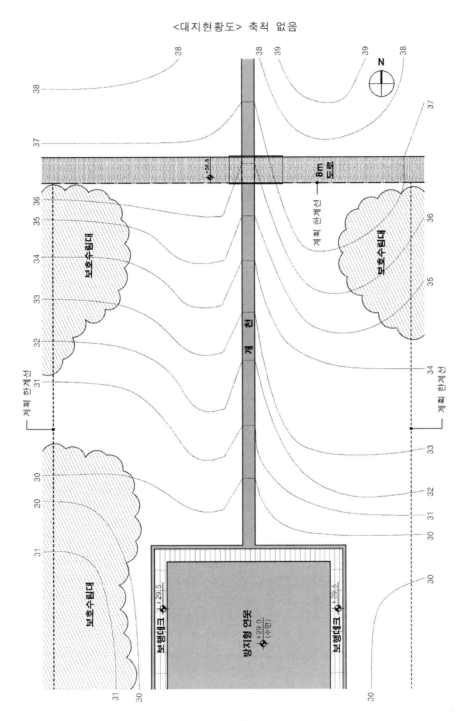

<대지현황도> 축척 없음

2 - 2

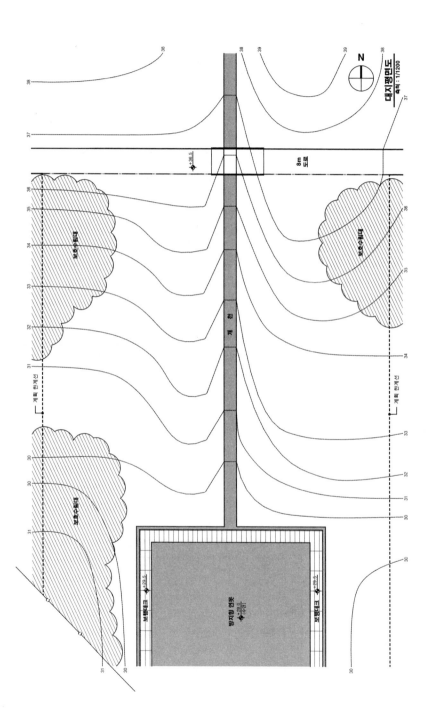

02. 답안 및 해설

답안 및 해설   제목 : 산림휴양관 대지조성계획

(1) 설계조건분석

▶ 산림휴양관 대지조성 계획

1. 진입로
   산림휴양관 대지 〉 조성 → 합리적·원활한 우수처리

2. (2) 산림휴양관 대지 : 30 × 20
   - (3) 수평으로 조성 : 절토와 성토량 최소화
   - (4) 이격 60m : 8m 도로 경계선
          12m : 건축한계선
   - (5) 우수유입 방지
   - (6) 대지 조성시 우수 → 기존 개천 &연못으로
   - (7) 대지 장변 → 기존 도로와 평행

   (8) 진입로 : 8m 도로 ─→ 방지형 연못 : 너비 4m
        (9) 연결로 (너비 4m) : 대지 설치 가능
   조성 대지 ↘ (10) 우수 : 가급적 기존 개천으로 유입

   (11) 경사도 ┌ 진입로 : 1/15 ↓
            ├ 연결로 : 1/20 ↓
            └ 조정 경(대면) : 1/3 ↓
   (12) 옹벽 & 배수관 : 설치 ⊗
   (13) 기존 개천 경사도 : 현상태 유지
   (14) 기존 수림대 … 가급적 보존

3. 도면작성 요령
   (1) 조정 등고선 … 실선
   (2) 배수방향 : 실선 (화살표)

(2) 대지분석

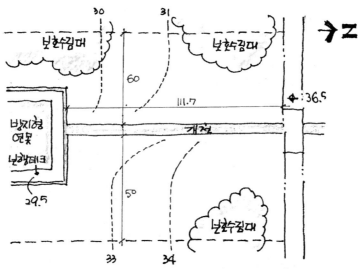

- 경사도분석 : 완만한 지형 (도로 60m 이상 이격, 계획한계선 12m 이상)
  ① 30.5 ⓐ 33.5
- 진입로 분석 : 발생한 지형 경사 활용
- 지물 의도상 : 대지와 진입로는 개천을 기준으로 다른 영역에 배치
  … 연결로 : 다리설치 가능
- 계획가능영역 분석 : 깊이 111.7m 폭 60m, 50m

(3) 토지이용계획

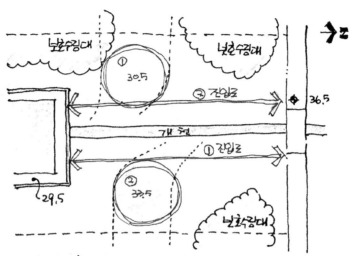

① 산림휴양관 대지 위치 결정
  : 지형 2절을 최소화 할수 있도록   ② 33.5 로 결정

② 진입로는 산림휴양관 대지와 개천 건너편으로 결정
  : 현 지형상 ⑤ 번 위치가 강경 도로 지형조정이 유리함

(4) 지형계획

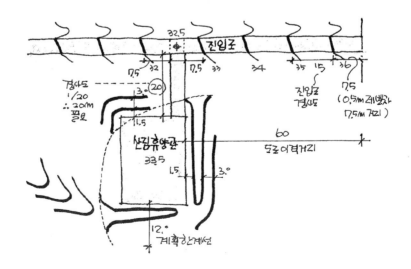

(4) 답안분석

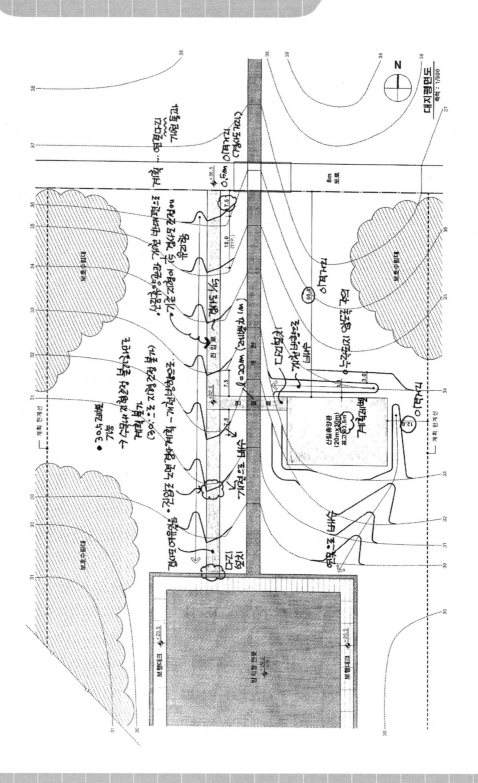

(5) 모범답안

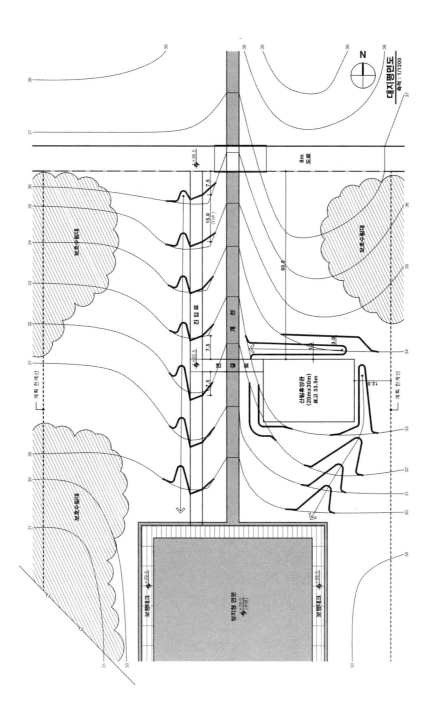

① 개요

01. 출제기준

⊙ **과제개요**

'대지단면'과제에서는 대지조건 및 요구기능을 파악하여 대지의 변형을 최소화하거나 절토와 성
토의 균형을 이루면서 주어진 높이의 건물과 외부공간을 배치하고 이를 표현하는 능력을 측정한다.

⊙ **주요 조건 및 요구기능**

① 지반상태, 지상과 지하의 시설, 풍향, 식생, 동결심도, 대지경계선, 지역지구제 등의 대지조건
② 차량 및 보행자 접근로, 배수, 소방 및 피난, 장애자 이용, 건물의 특성 및 프로그램 등에 의
한 요구기능

이 기준은 건축사자격시험의 문제출제 및 선정위원에게는 출제의 중심 내용과 방향을 반영하도록 권고·유도하고, 응시
자에게는 출제유형을 사전에 파악하게 하기 위한 것입니다. 그러나 문제출제 및 선정위원에게 이 기준의 취지를 문자 그
대로 반영하도록 강제할 수 없으므로, 응시자는 이 점을 참고하여 시험에 대비하시기 바랍니다.
— 건설교통부 건축기획팀(2006. 2)

02. 유형분석

1. 문제 출제유형(1)

✚ 지반의 암반상태와 절토 및 성토를 고려한 배치 및 단면 계획

제시된 경사지에 지반의 암반상태를 파악한 후 절토와 성토의 균형을 이루면서 주어진 건물과 옥외 구조물의 단면을 계획하고 건물을 배치하는 능력을 확인한다.

예1. 경사가 있는 계획 대지에 지형 훼손을 최소화하기 위해 대지 안의 등고선을 적절히 이용·변경하여 제시된 건물과 시설물을 배치한 결과를 단면으로 표시한다.

예2. 지형의 고저 차이를 자연적인 물매만이 아니라 적정한 높이의 옹벽으로 변경하여 표시한다.

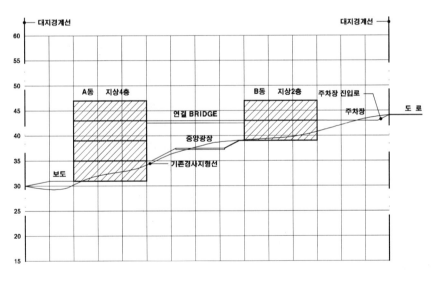

대지 단면도
축척 : 1/300

[그림 3-1 대지단면 출제유형 1]

2. 문제 출제유형(2)

✦ 대지조건 및 요구기능을 고려한 건물 및 옥외구조물 배치

계획 대지 안에 설치하는 지하 매설물을 보호하며 제시된 건물과 옥외구조물을 배치한다.

예1. 계획대지 안의 등고선을 적절하게 이용·변경하되 지하 매설물을 손상하지 않는 한도 안에서 주어진 건물을 배치한 결과를 단면으로 표시한다.

예2. 풍향, 식생, 동결심도, 차량 및 보행자 접근로, 배수, 소방 및 피난, 장애자 이용, 건물의 기능적 특성 및 프로그램 등에 의한 제약을 해결하고 건물을 배치한 결과를 단면으로 표시한다.

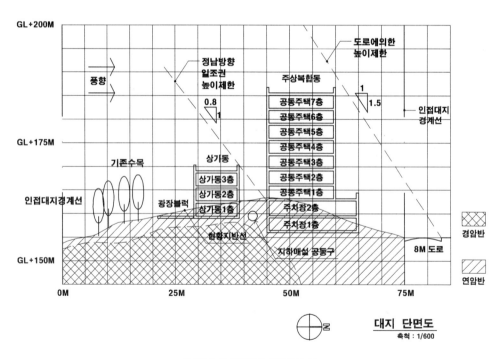

[그림 3-2 대지단면 출제유형 2]

3. 문제 출제유형(3)

✚ 서로 다른 건물을 배치하면서 건물 규모 및 높이를 설정

제시된 평면을 주어진 조건에 따라 대지 안에 배치하면서 건물 규모 및 높이를 설정하는 것을 확인한다. 이 유형은 지형계획과 함께 종합적으로 출제될 수도 있다.

예1. 지형이 경사진 계획대지에 계단과 옹벽이 있는 경우, 이를 이용하여 절토 또는 성토량을 최소화하면서 필요 시설을 배치한다.

예2. 지형이 경사진 계획대지에 전망, 장애물 등을 만족하면서 기능과 조건이 다른 2~3개 이상의 건물을 배치한다.

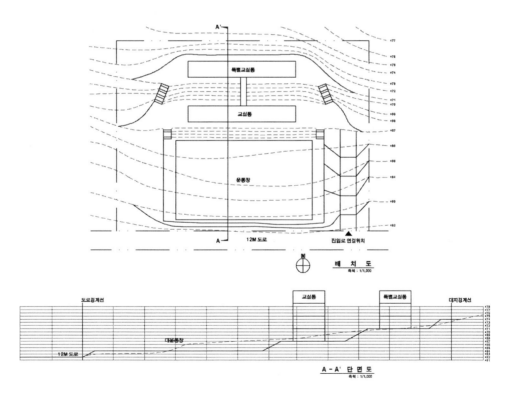

[그림 3-3 대지단면 출제유형 3]

01. 대지단면 계획의 이해

● 대지단면 계획

대지단면은 대지조닝, 지형계획, 배치계획과 연관성이 있는 분야이다. 대지단면 계획은 지표하의 지질상태에 따른 기초 배치, 일조사선제한, 문화재사선제한, 도로에 의한 높이제한, 성토 및 절토, 대지의 경사, 조망 등을 분석하여 시설물을 합리적으로 배치하는 데 의미를 찾을 수 있다.

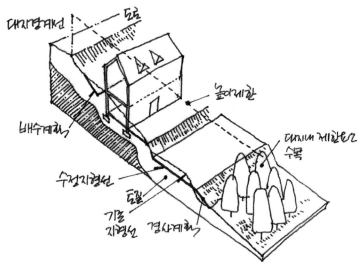

[그림 3-4 대지단면 이해도]

1) 대지경계선

대지경계선은 건축가능영역을 설정하는 중요한 기준이 되며, 대지분석 및 대지조닝의 이해를 필요로 한다.

2) 토질

① 건물의 구조적인 지지가 가능한 단면상의 위치를 고려한다.

② 불량토질 및 성토지반에는 가능한 한 건물의 기초 설치를 배제한다.

3) 높이제한

고도제한 및 가로구역별 높이제한 등의 조건을 따른다.

4) 대지 내 제한요소

① 대지 내 수목은 보존하도록 하며 낙수경계선 내의 지형조정은 피한다.

② 연못 등의 수공간은 배수기능 및 친환경적 옥외공간 등이 될 수 있으므로 대지계획에 적극 수용한다.

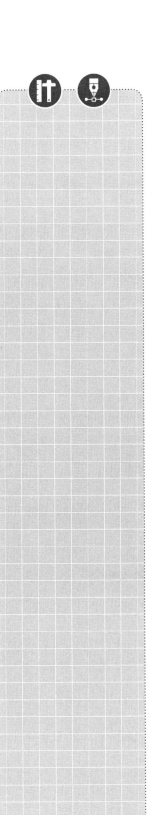

5) 주변 환경

① 양호한 경관은 조망을 고려한다.

② 호수, 하천 등의 조건은 홍수피해를 고려하여 홍수범람 수위 이상에 건물을 위치시킨다.

6) 배수계획

건축지반에 유수가 유입되지 않도록 높은 지반 쪽에 배수를 계획한다.

7) 경사계획

① 대지의 안정을 위하여 허용범위 내의 경사도를 반영한 대지단면계획을 한다.

② 옹벽은 가급적 피하나 부득이한 경우에는 토지의 효율적 활용을 고려하여 설치할 수 있다.

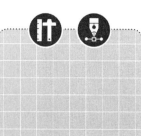

02. 대지현황 분석

1. 대지 외부 현황

(1) 방위

● 기후 요인

기후에 영향을 미치는 5가지 요소 : 태양, 바람, 온도, 습도 및 강우량

방위는 건물, 옥외공간, 자연의 식생, 기후 및 미기후에 지대한 영향을 미치는 요소이다. 건물과 옥외공간에서는 에너지 절약계획 및 인간의 삶의 질과 관련된 일조 등이 고려되어야 하며 대지단면 계획시 이러한 점이 반영되어야 한다.

① 남사면의 지형은 양호한 태양의 복사량을 확보할 수 있는 반면 북사면은 불량하다.

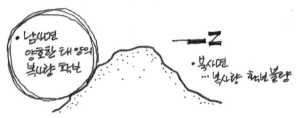

[그림 3-5 복사량 확보]

② 태양이 지면과 90°를 이룰 때 가장 큰 복사량을 얻을 수 있다.

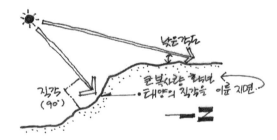

[그림 3-6 복사량 각도]

③ 태양의 일조를 고려할 때 건물은 동서 장축으로 계획하는 것이 바람직하다.

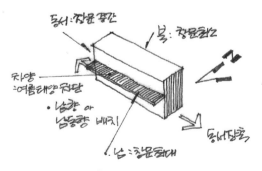

[그림 3-7 동서 장축]

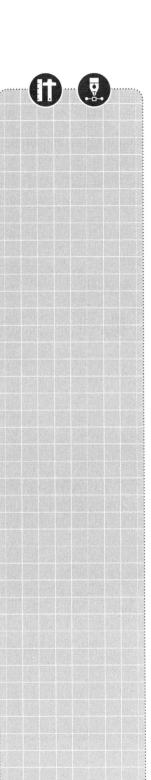

(2) 도로

① 대지에 배치되는 시설물까지의 접근동선은 도로현황을 고려하여 계획하여야
   한다. 2 이상의 도로에 접한 대지 단면 계획의 경우 폭이 넓은 도로는 보행자
   접근을 위한 동선을 설치하고 폭이 좁은 도로는 차량접근을 위한 동선을 설치
   한다.
   이때, 접근로의 경사도는 제시된 조건을 만족하도록 한다.

② 시설물의 기능적인 면에서도 폭이 넓은 도로쪽으로는 공적 성격이 강한 영역을
   배치하고 폭이 좁은 도로쪽으로는 사적 성격이 강한 영역을 배치한다.

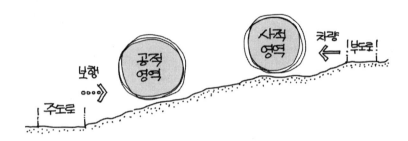

[그림 3-8 도로와 대지의 영역 분석]

(3) 인접대지

① 전용주거지역 또는 일반주거지역에서 정북방향의 인접대지가 전용주거지역 또
   는 일반주거지역에 해당하면 정북일조를 적용하여야 한다.
   대지 단면 계획에서도 정북일조를 고려하여 건축물을 배치하여야 하며 일조 적
   용 레벨은 제시조건을 따르도록 한다.

② 대지경계선 이격거리가 제시될 수 있으므로 이를 반영한 범위내에서 계획하도
   록 한다.

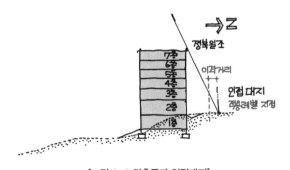

[그림 3-9 건축물과 인접대지]

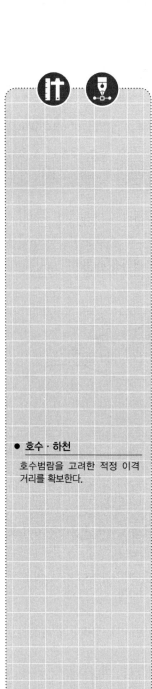

(4) 공원

① 정북방향의 공원은 일조 적용의 완화조건이 된다. 일반건축물은 공지 반대편, 공동주택은 공지 중심에서 일조사선을 적용한다.

② 특정 시설물에서 공원 조망을 요구할 수 있으며 해당 시설물을 인접하여 배치한다.

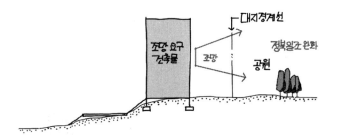

[그림 3-10 공원을 고려한 계획]

● 호수 · 하천
호수범람을 고려한 적정 이격
거리를 확보한다.

(5) 호수, 하천

① 호수 조망을 요구하는 시설은 인접하여 배치하도록 하며 동선 연결시에는 적절한 경사도의 도로가 되도록 한다.

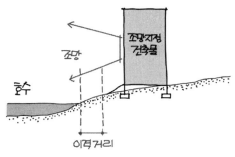

[그림 3-11 호수를 고려한 계획]

② 하천 조망을 요구하는 경우 해당 시설물을 인접배치하고 홍수범람 등을 고려하여 적절한 이격거리를 확보하도록 한다.

(6) 수목군

① 대지주변의 수목군은 계획범위를 제한하며 때로는 바람으로부터 시설물을 보호하거나 음영을 제공하는 역할을 하기도 한다.

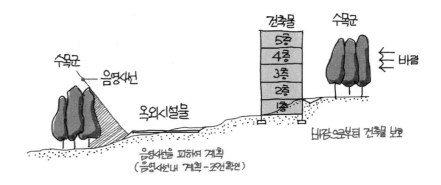

[그림 3-12 수목군의 활용]

2. 대지 내부 현황

(1) 지형

① 지형계획과 마찬가지로 대지단면의 경사도에 따른 시설물 배치를 고려한다. 경사가 완만한 곳에는 옥외시설물 또는 1층 전·후면 출입이 필요한 건축물을 배치하고 경사가 급한 곳에는 전·후면 출입층(레벨)이 다른 건축물을 배치한다.

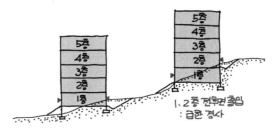

[그림 3-13 지형과 출입구]

② 기존의 지형을 고려하여 시설물을 배치한 후에는 적절한 경사도의 지형 조정을 필요로 한다. 일반적으로 지형의 조정은 2 : 1(수평 : 수직)의 경사 범위내에서 계획하도록 한다.

(2) 수목

① 배치계획 및 지형계획, 주차계획, 대지단면계획 등을 진행할 때 기존 수목의 보존여부를 결정하여야 하며 보존의 범위와 방법 및 활용방안 등에 대한 계획이 세워져야 한다.

② 수목 주변의 정지작업(지형계획) 또는 단면상의 지형조정이 이루어져야 할 경우 수목의 낙수경계선(나뭇가지의 가장 바깥 부분)의 범위는 지형조정이 일어나지 않도록 주의하여 계획한다.

③ 낙수경계선 안쪽으로 지형이 조정될 경우의 최대허용치는 성토 30cm, 절토 15cm이다.

[그림 3-14 낙수경계선]

④ 수목에 대한 조망을 요구하거나 수목에 음영이지지 않도록 조건이 제시될 수 있다.

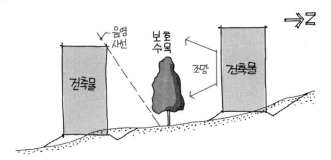

[그림 3-15 수목보호]

(3) 암반

① 지반하부의 경암반은 건축물 기초를 설치하기 위하여 발파공사 등이 필요하므로 가급적 기초가 경암반을 침범하지 않도록 레벨을 결정한다.

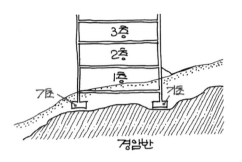

[그림 3-16 기초와 암반]

② 지상에 노출된 암반은 시설물 배치의 제한요소가 된다.

(4) 공동구

① 지중에 매설되어 있는 공동구의 유지, 보수를 위하여 상부에는 건축물 배치를 피한다.
② 공동구 상부 지표면에 옥외공간의 계획은 가능하다.

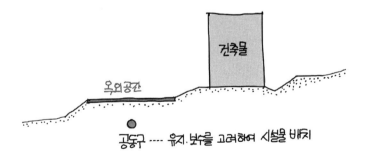

[그림 3-17 공동구]

● 기초의 깊이

연약지반, 성토지반에서는 충분한 지내력이 확보될 수 있도록 한다.
- 기초깊이
- 기초형식
- 토질개량

(5) 지반

① 대지단면 계획시 건축물의 위치 결정(수평적)과 기초의 높이(수직적) 결정에 영향을 미치는 중요한 요소이다.

② 기초의 높이는 지내력을 분석하여 건축물의 하중을 충분히 부담할 수 있는 토질인가를 파악한 후 결정한다.

③ 침식, 침하 등의 변형이 일어날 수 있는 토질은 피하고, 가능한 한 성토지반을 피하여 기초를 위치시킨다.

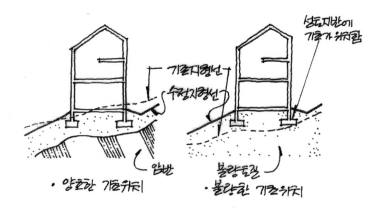

[그림 3-18 토질에 따른 기초 위치]

(6) 실개천

① 대지의 영역을 구분하며, 시설물의 성격을 고려하여 위치를 결정한다.

② 호수범람 등을 고려한 이격거리를 확보하여 시설물을 배치한다.

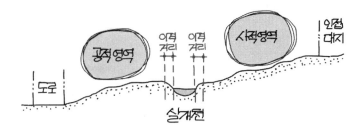

[그림 3-19 실개천]

③ 특정 시설물에서 실개천의 조망을 요구할 경우 인접하여 배치한다.

④ 실개천 상부에 연결동선 설치를 요구할 수 있으며 다리설치시 제시된 경사 조건을 고려하여 계획하도록 한다.

(7) 홍수범람 수위

① 모든 지역에서의 강우량은 피해를 발생시킬 수 있는 기준인 홍수범람수위를 정하고 그에 따른 건축계획적 측면의 고려가 필요하다.

② 홍수범람지역을 피하여 건축한다.

③ 거실의 용도로 사용되는 층의 바닥이 홍수범람수위 이상 레벨에 형성되도록 고려한다.

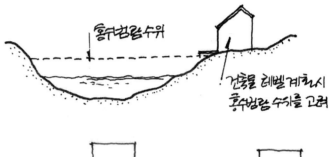

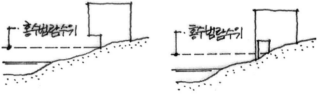

[그림 3-20 홍수범람수위]

(8) 바람

바람은 건물과 인체로부터 열손실을 증가시키며 냉난방 부하와 밀접한 관계를 갖는다. 우리나라는 겨울철에 북서풍의 영향을 감소시키는 건축계획을 고려하여야 한다. 바람은 다음과 같은 특성을 갖는다.

① 돌출지형과 지물은 불쾌한 와류(渦流)를 만들어낸다.

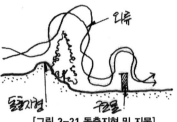

[그림 3-21 돌출지형 및 지물]

② 완만한 기복(起伏)이 있는 지형은 바람의 흐름을 매끄럽게 한다.

[그림 3-22 완만한 지형]

③ 서늘한 공기는 낮은 곳으로 흐르기 때문에, 오목한 공간이나 가로막힌 낮은 곳은 서늘하여 좋은 곳이 될 수도 있고, 피하고 싶은 냉골(Frost Pocket)이 될 수도 있다.

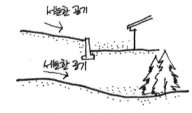

[그림 3-23 서늘한 공기]

④ 추운 기후지역에서는 경사면 상부이면서 노출된 정상부(구릉)의 아랫 부분이 대지로서 적합하다. 남사면(南斜面)이 따뜻하다.

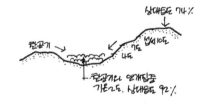

[그림 3-24 추운 기후지역]

⑤ 찬바람을 맞는 정상부까지 올라가면 온도가 낮아진다.

[그림 3-25 정상부]

03 대지단면계획

1. 배치계획

(1) 배치영역

대지분석과 대지조닝의 건축가능영역을 검토하여 요구시설물의 설치 범위를 파악하여야 한다.

건축가능영역의 분석을 검토하는 조건으로는 다음 사항들이 있다.

- 대지경계선에서의 제한
- 자연환경요소에서의 제한
- 도시기반시설에서의 제한
- 법규에서의 제한

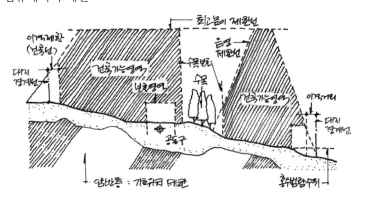

[그림 3-26 건축가능영역]

1) 대지경계선에서 제한

① 건축선, 인접대지 경계선 이격거리가 지정된 경우

② 대지안의 공지가 지정된 경우

2) 자연환경요소에서의 제한

① 수목에서의 이격거리가 지정된 경우

② 수목이 음영사선으로부터 보호되도록 지정된 경우

③ 하천, 호수로부터 이격거리가 지정된 경우

④ 개천(실개천 포함)으로부터 이격거리가 지정된 경우

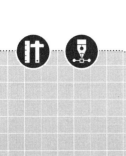

3) 도시기반시설에서의 제한

① 공동구 유지, 관리를 위한 지정조건(이격거리, 건축물 설치 제한높이)이 있는 경우

② 대지 내 공공보행통로를 위한 지정조건(이격거리, 건축물 설치 제한높이)이 있는 경우

4) 법규에서의 제한

① 정북일조 적용에 의한 높이 제한

② 가로구역 높이 지정에 의한 제한

③ 문화재 보호를 위한 높이 제한

(2) 배치 시설물

① 대지 단면 계획에 배치되어야 하는 시설물은 범례로 제시된다. 건축물, 옥외시설물은 규모와 형태가 제시되며 시설물 범례를 회전하여 배치하는 것은 가능하다.

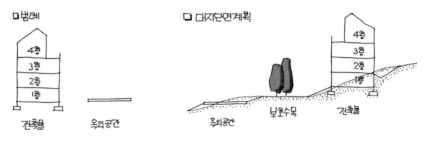

[그림 3-27 대지단면계획]

② 시설물의 배치계획은 합리적이어야 한다.

- 시설물의 위계를 고려한 배치계획이어야 한다.
- 건축지반의 주변에 배수로를 계획하여 토사의 유출을 방지한다.
- 옥외공간의 배수는 표면배수방식에 의한다.
- 유지보수가 필요한 공동구 등의 상부에 건축물을 계획하지 않는다.

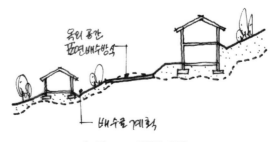

[그림 3-28 시설물 배치]

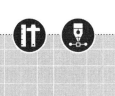

(3) 배치조건

1) 영역

① 법규사선높이와 지표면의 높이에 의해 건축기능 층수를 분석하여 요구 건축물의 위치를 파악한다.

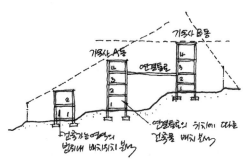

[그림 3-29 건축물 배치]

② 출입레벨의 조건에 따라 1층 전·후면 출입은 완만한 지형에 배치하고 전·후면 서로 다른층 출입은 급한 지형에 배치한다.

③ 가시각

가시각의 조건은 특정 레벨(높이 또는 층)에서 조망 가능한 범위를 지정하는 것으로 조망방향으로 가시각 범위외에는 건축물 등이 배치될 수 있다.

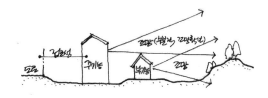

[그림 3-30 건축물 배치]

④ 수목 또는 옥외시설물 배치시 음영을 피하도록 요구될 수 있으며 수목의 위치에 따라 시설물 영역을 파악할 수 있다.

●가시각

가시각과 조망을 구분하여 이해

2) 기능

평면상의 시설물 관계는 배치계획의 주된 내용이 되며, 시설물의 배치를 결정할 때는 단면상에서 건축지반과 단면상의 기능적인 관계 등이 적절한지를 동시에 검토하여야 한다. 대지단면계획에서도 시설물 배치는 가장 중요한 사항이며 기능적인 관계를 반드시 분석하여 결정한다.

인접, 근접, 연결, 조망, 향 등의 제시된 조건을 파악하여 시설물의 위치를 결정한다.

① 인접은 최대한 가까이 배치되는 것이다.
② 근접은 보도 정도의 공간을 사이에 두고 배치되는 것이다.
③ 연결은 두 공간을 연결하는 동선이 필요하므로 인접 또는 근접 배치하게 된다.
④ 조망은 특정 대상이 제시되는 것이므로 해당 대상과 인접하여 배치한다.
⑤ 향은 건물의 일조, 채광 확보를 위하여 법규에 제시된 사항 또는 제시된 요구조건을 만족하여야 한다.

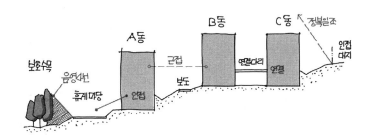

[그림 3-31 기능에 따른 시설물 배치]

⑥ 제시된 건축물의 주기능과 부기능의 관계를 파악한다.
⑦ 주변의 접근성을 고려하여야 하는 기능을 분석한다.
⑧ 프라이버시를 확보하여야 하는 기능과 공적인 기능을 분석한다.
⑨ 건축물 간의 관계가 모호한 경우에는 옥외공간의 요구조건에 의해서 관계를 확인한다.

2. 대지단면 세부계획

(1) 건축물 계획

1) 경제적인 배치

① 성토 및 절토가 최소가 되도록 건축물 장변을 등고선과 나란하게 배치한다.

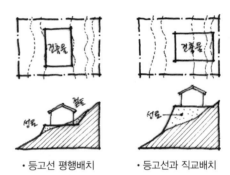

[그림 3-32 건축물 배치]

② 전·후면 출입조건을 고려한 배치로 성·절토량이 최소가 되도록 계획한다.

2) 기초계획

① 건축물은 성토지반에 배치되어서는 안 되며 건축물의 기초는 구조적으로 안전한 지반에 계획되어야 한다.
② 옥외공간은 성토지반에 배치될 수 있다.

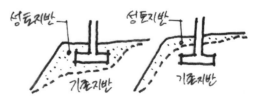

• 건축물은 성토지반에 배치되어서는 안 됨

[그림 3-33 기초 깊이]

③ 기초를 설치하기 위하여 암반을 굴착하지 않는다.

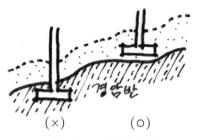

(×)　　　(○)

[그림 3-34 기초와 암반]

3) 건축물 대지단면 사례

① 단독주택

- 단독주택지의 개발형태는 경사면에 대응한 도로의 배치형태와 밀접한 관계가 있으며, 개발범위는 경사면에 대응한 도로의 개발상한선을 고려하여 결정한다. 개발상 한선은 도로의 최대경사한계인 16% 이내가 일반적이지만 등고선에 대한 도로 배치의 적절한 조정으로 경사율 30%까지도 가능하며, 택지의 방위는 남경사면이 가장 유리하지만 동, 서 및 북사면의 경우도 택지의 배치 및 분할고저차의 조절을 통해 개발이 가능하다. 택지조성은 접지형식에 따라 단차형 조성기법과 경사형 조성기법으로 분류할 수 있으며 개발여건에 따라 적절히 선택 적용한다.

• 단차형 조성기법　　　• 경사형 조성기법

[그림 3-35 경사면 활용]

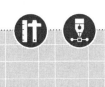

• 북사면의 택지조성은 주거의 일조조건을 만족시켜주기 위해 대지 간의 고저차는 되도록 적게 하고, 대지와 도로가 접한 부분의 고저차는 높게 조성하는 것이 좋으며, 또한 도로에 접한 부분은 고저차를 이용하여 차고를 조성하고 경사가 급할 경우에는 택지자체에 단차를 두어 계획하는 것이 바람직하다.

• 대지 간의 고저차는 되도록 적게 하고,
  대지와 도로가 접한 부분의 고저차는 높게 조성

[그림 3-36 복사면 택지조성]

② 공동주택
  • 구릉지의 아파트단지 개발은 대지와 건축물이 유기적으로 대응하여 경사면과 건축물이 조화되도록 저층 내지는 중층으로 개발을 유도하며 고층아파트의 개발은 가급적 지양하는 것이 좋다.
  • 단지배치는 남측경사면의 개발을 위주로 하고 불가피하게 북측 경사면을 개발하여야 할 경우 법규, 외부공간의 구성, 조망 등을 종합적으로 고려하여 인동간격을 유지토록 함으로써 각 단위주거에 양호한 일조조건이 확보되도록 계획한다.
  • 경사면을 절·성토하여 옹벽을 조성할 경우에는 경관적 측면과 인간척도(Human Scale)를 고려하여 높은 옹벽의 조성은 피하고 경사면에 식재를 통하여 외관상의 위압감을 완화시키고 경관성을 제고한다.
  • 구릉지 아파트 배치는 외부로부터의 조망을 고려하여 주거동을 교차하여 배치하고 경사면 전체의 경관형성을 고려하여 저층아파트는 경사지 하부에, 고층아파트는 경사지 상부에 배치하고 경사면 위에 직접 주거동을 배치하는 경사형 개발기법을 채택하는 것이 바람직하며, 경사가 급하거나 토질의 조건에 따라 사면을 절, 성토하여 건물배치가 필요한 경우는 단차형 기법을 적용한다.

- I자형 및 L자형 등 기존의 아파트 형태는 등고선에 평행하게 남향배치가 용이하나 경관이나 시각적 단절을 야기하여 구릉지에는 적합지 못하므로 상대적으로 향조건은 불리하나 개방적인 공간감을 제공하며 시각적 단절현상이 적고 넓은 옥외공간을 확보하면서 토지의 용적율을 높일 수 있는 탑상형(Tower형) 아파트나 등고선에 수직의 단차형 아파트형태가 바람직하다.

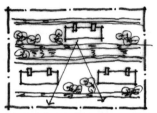

각 주거의 사각적 조망 및 일조를 고려하여 주거동을 교차 배치한다.

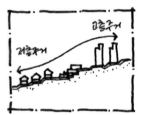

경사면에 스카이라인과 조화 저층주거를 하부에 배치하고, 고층아파트를 상부에 배치하여 경사면과 경관적 조화를 이룬다.

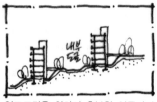

일조조건을 위하여 충분한 인동간격을 유지하며 각 주거의 시각적 프라이버시 및 소음방지를 위해 주거동 후면에 도로를 배치한다.

사면의 특성과 일조조건 등을 고려하여 경사면에 직각 배치한다. 경사가 급한 경우, 도로가 경사면에 평행하게 배치되어 진입방식은 측면에서 이루어지게 된다.

[그림 3-37 공동주택]

③ 테라스하우스

- 테라스하우스는 단위세대를 대지의 경사도에 맞추어 쌓아 나간 것으로 아래세대의 지붕을 위 세대가 정원(Roof Garden)으로 사용하며 각 세대가 모두 보도에서 직접 진입이 가능함으로써 평지에 건축된 공동주택의 단점인 접지성의 결여를 보완할 수 있는 구릉지에 적합한 건축형식이다.
- 테라스하우스는 소규모의 대지에 연립주택이나 다세대주택의 계획에 적용가능성이 높다.
- 택지조성방법은 일반적으로 기존 경사면을 절토 또는 성토하여 단차형으로 조성하지만, 경사가 일정치 않거나 단차형 택지개발이 불가능할 경우 경사면 위에 기초구조물을 설치하여 주거동을 배치하는 경사면형 개발방식을 사용한다.

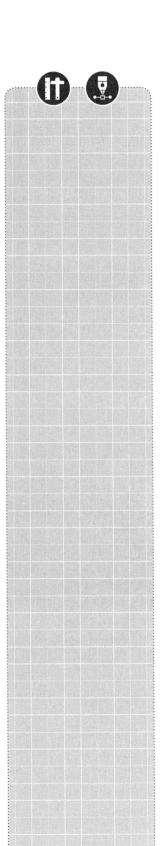

- 단차형 방식은 경사면의 경사도 및 주거동의 중층형식에 따라 일정한 비율로 단차조성되며 경사도가 같은 경사면이라도 주거동의 실 깊이에 변화를 주어 다양한 중층형태로 계획할 수 있다.
- 테라스하우스단지에서의 외부공간은 자연스러운 만남의 장이 되게 하고 경사면의 특성을 충분히 고려하여 입체적인 시각적 변화, 공간의 방향성, 공간의 유동성이 창출될 수 있도록 계획한다.
- 계단 등 보행자동선의 교차부분, 연결부분에는 가로등, 안내시설과 다양한 수목식재 등을 통해 소규모 오픈스페이스로 조성하여 어린이놀이터와 커뮤니티 공간으로 활성화를 유도한다.

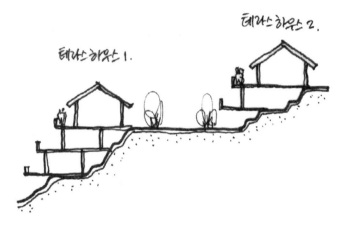

[그림 3-38 테라스하우스]

● 옥외시설물의 배치계획

• 대지의 성격
• 건축물과의 기능적 접근성
• 옥외시설물 간의 인접, 이격
• 도로 및 주변환경
• 지반, 지질상태
• 대지경계선에서의 이격
• 일사 및 음영의 제한조건
• 바람의 영향
• 개방성과 폐쇄성

(2) 옥외시설물 배치

대지와 시설물은 밀접한 관계를 갖고 있으므로 대지 분석을 통한 적절한 위치를 파악하고 건축물과 기능적인 관계, 동선, 접근성, 공공성, 환경성 등의 여러 항목을 통한 배치 위치를 결정한다.

옥외시설물은 평지를 형성하거나 일정한 경사를 요구할 수 있으며 그에 따른 성토 및 절토의 균형을 고려한다.

① 대지의 성격상 옥외시설물의 적정 위치를 파악한다.

② 건축물과의 기능적 접근성을 고려한다.

③ 옥외시설물 간의 인접 또는 이격 여부를 확인한다.

④ 도로 및 주변환경에서의 접근동선을 파악한다.

⑤ 지반의 지하 환경에 의한 옥외시설물의 위치를 분석한다.

⑥ 대지경계선에서의 이격조건을 고려한다.

⑦ 일사 및 음영 등의 제한 조건에 의한 이격조건을 확인한다.

⑧ 바람으로부터 안전한 위치를 확인한다.

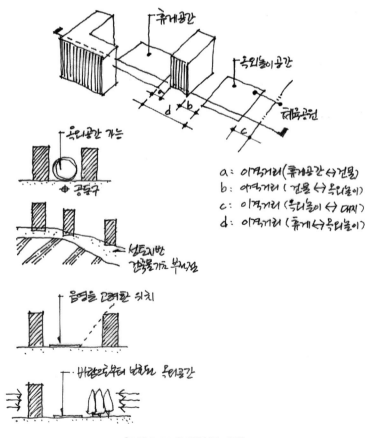

[그림 3-39 옥외시설물 배치]

3. 경사계획

대지는 안전한 구조로 정지되어야 하며 대지단면계획에서는 이러한 안전성을 단면
상의 기울기로 나타내게 된다. 토질에 따라 법적규제에 의한 안전한 휴식각의 범위
내에서 성토 및 절토의 균형을 이룰 수 있도록 계획한다.

경사의 정도는 비례경사로 나타내는 것이 일반적인 방법이며 때로는 각도 혹은 비
율에 의한 기울기로 표현하기도 한다.

경사를 표현하는 각각의 방법에 의한 차이를 이해하도록 한다.

① 비율경사

경사도(%)=높이/거리×100(G=H/D×100)

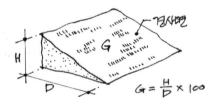

[그림 3-40 비율경사]

② 비례경사

경사도=거리 : 높이(G=D : H)

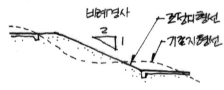

[그림 3-41 비례경사]

③ 각도경사

- 일반적인 각도에 의해 주어지는 경사를 말한다.
- 30°경사와 10 : 3의 경사는 다르다. 각도로 환산할 경우 30°경사는 57.73%가
  되며 10:3의 경사는 30%가 된다.

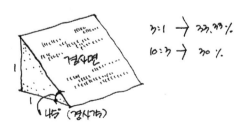

[그림 3-42 각도경사]

● 비율경사와 비례경사

경사도의 차이를 이해하고 혼돈
하지 않도록 한다.
- 직선형 주차 경사로 : 17% 이하
- 계단 대체 경사로 : 1:8 이하
  이며 비율경사로 환산시 1/8
  ×100=12.5%이므로 직선
  형 주차 경사로는 계단 대체
  경사로에 비해 급경사이다.

● 각도경사

- $\tan°$=H/D
- $\tan30°$=0.5773×100
  → 57.73%경사도

4. 배수계획

안전한 대지계획을 위해서는 유수를 효율적으로 처리하여야 하며 토지를 조성하는 대지단면계획과 지형계획에서 주의 깊게 다루어져야 하는 사항이다.

① 건축물과 높은 지형이 만나는 부분에는 건축지반으로 유수가 흘러드는 것을 방지하기 위하여 배수로를 계획한다.

② 낮은 지형 쪽으로는 자연 배수가 형성되므로 배수로를 만들지 않더라도 건축물에 영향을 미치지 않는다.

③ 옥외공간의 상부에는 특별한 요구조건이 없을 경우 자연배수에 의한 방법으로 처리함을 원칙으로 한다.

④ 배수로는 주변지형의 기울기와 어울릴 수 있는 경사도를 고려하며, 토질의 휴식각의 범위 내에서 형성되도록 한다.

⑤ 지형단면의 조정에서 배수로의 폭만큼 제외한 거리를 경사도에 따라 높이를 산정하면 시설물들의 표고를 쉽게 파악할 수 있다.

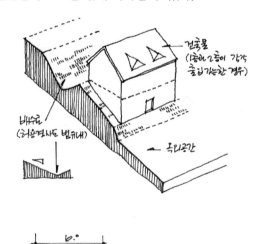

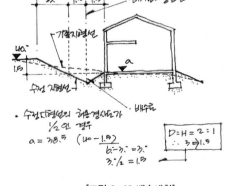

[그림 3-43 배수계획]

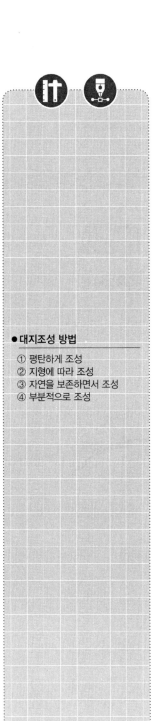

● 대지조성 방법

① 평탄하게 조성
② 지형에 따라 조성
③ 자연을 보존하면서 조성
④ 부분적으로 조성

5. 절토, 성토 계획

1) 대지의 성토, 절토량 균형계획

대지는 절토와 성토에 의해 정리되며 가급적 절토와 성토가 덜 발생하도록 계획하되 절토량과 성토량의 균형을 이루도록 한다.

① 절토량과 성토량을 동일하게 하여 토량의 반입 또는 반출이 없게 한다.
② 절토와 성토 계획 시 대지의 안정화 대책을 고려한다.

2) 대지조성 방법

① 평탄하게 조성하는 방법
- 현재의 지형에 관계없이 평탄하게 조성한다.
- 토지의 이용률이 높아지나 공간의 변화가 없고, 토공량이 증가하여 공사비가 높아진다.
- 성토높이가 커져서 지반의 안정도가 나빠진다.

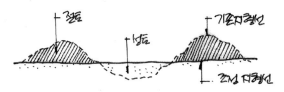

[그림 3-44 평탄한 조성]

② 지형에 따라 조성하는 방법
- 평탄하게 조성하는 방법의 문제를 해결하며, 현재의 지형을 따라 조성하는 가장 일반적인 대지 조성 방법이다.
- 지반의 표고는 시설이나 주택용지의 유효한 평탄부가 효율성 있게 마련될 수 있느냐, 또 사람이나 차량의 동선처리 및 경사도의 처리가 무리 없이 될 수 있느냐가 기준 설정의 요인이 된다.

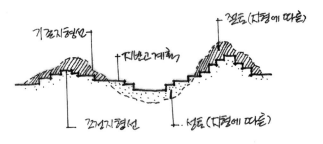

[그림 3-45 지형에 따른 조성]

③ 자연을 보존하면서 조성하는 방법
- 이 방법은 보존하기가 쉽고 효과도 크나 토지 이용상 문제가 많아 지금까지는 공원, 녹지공간 이외에 활용하는 일이 적었다.
- 시설물을 비탈면에 건립하고자 할 때 대지 조성에 이용되어도 좋은 방법이다.

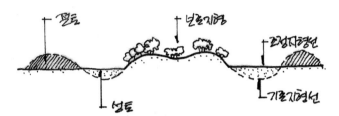

[그림 3-46 자연보존을 위한 조성]

④ 부분적으로 조성하는 방법(구릉지의 보존방법)
- 묶어서 크게 남기는 방법
- 부분적으로 남기는 방법

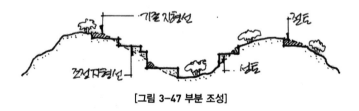

[그림 3-47 부분 조성]

6. 경사대지 계획

1) 경사지 안전화 계획

① 경사지에서의 슬라이딩 방지대책이 강구되어야 한다.
- 지반의 특성에 따른 슬라이딩 방지대책 강구
- 안전한 경사각 유지

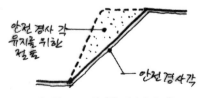

[그림 3-48 안전한 경사각 유지]

② 경사대지를 성토해야 하는 경우에는 성토부분에 발생하는 Sliding을 방지하기 위한 대책을 마련하여야 한다.

● Sliding 대책

경사지를 성토할 경우에는 구조적으로 sliding 방지 대책에 대하여 이해한다.

③ 경사면 안정을 위해서는 배수계획을 잘 수립하여야 하며, 대지의 높은 쪽에서 흘러 내리는 유출수는 배수로를 설치하여 차단하는 것이 필수적이다.

④ 경사면 지표하에 물이 고이는 것을 막기 위해서는 경사면으로 흘러오는 물, 경사면 주변을 흘러가는 물, 경사면 지표하로 흐르는 물 등의 종합적인 배수계획을 수립한다.

⑤ 물이 성토면과 기존 지반면 사이에 흘러들면 성토(盛土)재료는 소성(塑性)을 띠고 회전운동을 일으켜 무너진다.

⑥ 경사면에 성토하면 이동하는 경향이 있다.

⑦ 유출수를 차단하고, 바닥을 계단식으로 절토한 후 여러 층으로 나누어 다짐하면서 쌓으면 얕은 성토는 무난하다.

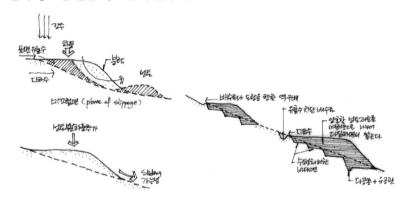

[그림 3-49 경사대지 안정화 계획]

2) 경사면 안전기법

① 덮기(Mulch)

종자를 파종하여 표토를 결속하거나, 분쇄목(Wood chip)분쇄목피(Shredded bark)로 덮는다(Mulch). 먼저 사면을 수평 방향으로 갈퀴질(Cross-Raking)하는 것이 좋다.

[그림 3-50 덮기]

② 식재(Planting)

적합한 교목, 관목, 덩굴식물(향토 수종이 바람직함)-식물뿌리와 낙엽 등이 표토층을 결속하고 지탱함

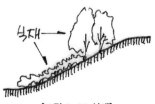

[그림 3-51 식재]

③ 잡석, 쇄석
　쇄석 쏟아붓기 또는 쌓기를 함

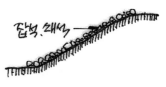

[그림 3-52 잡석, 쇄석]

④ 돌망태(Gabions)
　돌을 채운 고리버들 바구니 또는 철망
　바구니

[그림 3-53 돌망태]

⑤ 붙임(Rip-rap)
　목재, 철재, 콘크리트 제품을 건식이나
　습식으로 붙이기

[그림 3-54 붙임]

⑥ 동바리(Cribbing)
　목재, 철재, 콘크리트 막대를 서로 맞물리게
　쌓아올리고 돌을 채운 동바리

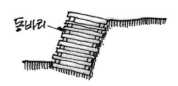

[그림 3-55 동바리]

⑦ 말뚝박기(Piling)
　맞물리는 단면을 가진, 철재 말뚝이나 공장생
　산(Pre-Cast)콘크리트 말뚝

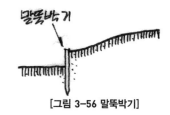

[그림 3-56 말뚝박기]

⑧ 철근콘크리트 옹벽
　거푸집 문양이나 노출된 골재 질감 등 거친
　표면처리 가능

● 사태의 유형

● 침하

침하란 토지가 내려앉는 현상
① 성토불량, 유기토양과 같이
   압축이 발생하는 토양상태에
   서 일어난다.
② 지하에 빈 공간이 생겼을 때
   발생하며 빈공간을 채워넣음
   으로써 해결할 수 있다.

7. 대지의 안전

1) 사태(沙汰)

사태(沙汰)라 함은 삼사면을 이루고 있는 암석이나 토양의 일부가 돌발적으로 붕괴하는 현상을 말하며 다음과 같은 발생 요인이 있다.

① 경사가 급한 토양이 사태의 가능성이 높다.
② 점토질, 실트질 토양은 모래, 자갈 같은 토양보다 사태의 가능성이 낮다.
③ 물의 흐름이 있는 토양에서는 사태를 유발할 수 있다.
④ 단층으로 구성된 토양은 단일 토양에 비해 사태의 가능성이 높다.
⑤ 기존 경사의 아랫 부분을 절토하게 되면 사태의 가능성이 증가한다.

2) 대지의 안전(건축법 제40조)

① 대지는 이와 인접하는 도로면보다 낮아서는 아니 된다. 다만, 대지 안의 배수에 지장이 없거나 건축물의 용도상 방습이 필요가 없는 경우에는 인접한 도로면보다 낮게 계획할 수 있다.
② 습한 토지, 물이 나올 우려가 많은 토지 또는 쓰레기 기타 이와 유사한 것으로 매립된 토지에 건축물을 건축하는 경우에는 성토, 지반의 개량 기타 필요한 조치를 하여야 한다.
③ 대지에는 빗물 및 오수를 배출하거나 처리하기 위하여 필요한 하수관ㆍ하수구ㆍ저수탱크 기타 이와 유사한 시설을 하여야 한다.
④ 손궤의 우려가 있는 토지에 대지를 조성하고자 하는 경우에는 국토교통부령이 정하는 바에 의하여 옹벽을 설치하거나 기타 필요한 조치를 하여야 한다.

3) 대지의 조정(건축법 시행규칙 제25조)

① 성토 또는 절토하는 부분의 경사도가 1:1.5 이상으로서 높이가 1미터 이상인 부분에는 옹벽을 설치할 것
② 옹벽의 높이가 2미터 이상인 경우에는 이를 콘크리트구조로 할 것. 다만, 별표 6의 옹벽에 관한 기술적 기준에 적합한 경우에는 그러하지 아니하다.
③ 옹벽의 외벽면에는 이의 지지 또는 배수를 위한 시설 외의 구조물이 밖으로 튀어나오지 아니하게 할 것
④ 옹벽의 윗가장자리로부터 안쪽으로 2미터 이내에 묻는 배수관은 주철관, 강관

또는 흡관으로 하고, 이음부분은 물이 새지 아니하도록 할 것

⑤ 옹벽에는 3제곱미터마다 하나 이상의 배수구멍을 설치하여야 하고, 옹벽의 윗 가장자리로부터 안쪽으로 2미터 이내에서의 지표수는 지상으로 또는 배수관으로 배수하여 옹벽의 구조상 지장이 없도록 할 것

⑥ 성토부분의 높이는 법 제40조에 따른 대지의 안전 등에 지장이 없는 한 인접대지의 지표면보다 0.5미터 이상 높게 하지 아니할 것. 다만, 절토에 의하여 조성된 대지 등 허가권자가 지형조건상 부득이하다고 인정하는 경우에는 그러하지 아니하다.

[별표 6] 옹벽에 관한 기술적 기준

1. 석축인 옹벽의 경사도는 그 높이에 따라 다음 표에 정하는 기준 이하일 것

[표 3-1] 옹벽의 경사도

구 분	1.5미터까지	3미터까지	5미터까지
메쌓기	1 : 0.30	1 : 0.35	1 : 0.40
찰쌓기	1 : 0.25	1 : 0.30	1 : 0.35

2. 석축인 옹벽의 석축용 돌의 뒷길이 및 뒷채움 돌의 두께는 그 높이에 따라 다음 표에 정하는 기준 이하일 것

[표 3-2] 돌의 두께

구분쌓기		1.5미터까지	3미터까지	5미터까지
석축용 돌의 두께 (센티미터)		30	40	50
뒷채움 돌의 두께 (센티미터)	상부	30	30	30
	하부	40	50	50

3. 석축인 옹벽의 윗가장자리로부터 건축물의 외벽면까지 띄어야 하는 거리는 다음 표에 정하는 기준 이상일 것
   다만, 건축물의 기초가 석축의 기초 이하에 있는 경우에는 그러하지 아니하다.

[표 3-3] 이격거리

건축물의 층수	1층	2층	3층 이상
띄우는 거리(미터)	1.5	2	3

● 메쌓기

돌끼리의 맞물림 방식으로 쌓아 올리는 건식기법

● 찰쌓기

콘크리트나 모르타르를 사용하여 쌓아올리는 습식기법으로 대지가 협소할 경우 메쌓기 방식에 비하여 급경사 형성이 가능하다.

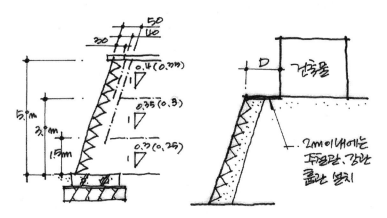

[그림 3-57 석축 옹벽]

4) 토지굴착부분에 대한 조치

● 법 제41조 제1항

공사시공자는 대지를 조성하거나 건축공사에 수반하는 토지를 굴착하는 경우에는 그 굴착부분에 대하여 건설교통부령이 정하는 바에 의하여 위험발생의 방지, 환경의 보존 기타 필요한 조치를 한 후 당해 공사현장에 그 사실을 게시하여야 한다.

● 별표 7(제26조 1항 관련)

토질에 따른 경사도

토질	경사도
경 암	1 : 0.5
연 암	1 : 1.0
모 래	1 : 1.8
모래질흙, 사력질흙, 암괴 또는 호박돌이 섞인 모래질흙	1 : 1.2
점토, 점성토	1 : 1.2
암괴 또는 호박돌이 섞인 점성토	1 : 1.2

① 법 제41조 제1항의 규정에 의하여 대지를 조성하거나 건축공사에 수반하는 토지를 굴착하는 경우에는 다음 각호의 규정에 의한 위험발생의 방지조치를 하여야 한다.

- 지하에 묻은 수도관·하수도관·가스관 또는 케이블 등이 토지굴착으로 인하여 파손되지 아니하도록 할 것
- 건축물 및 공작물에 근접하여 토지를 굴착하는 경우에는 그 건축물 및 공작물의 기초 또는 지반의 구조내력의 약화를 방지하고 급격한 배수를 피하는 등 토지의 붕괴에 의한 위해를 방지하도록 할 것
- 토지를 깊이 1.5미터 이상 굴착하는 경우에는 그 경사도가 별표 7에 의한 비율 이하이거나 주변상황에 비추어 위해방지에 지장이 없다고 인정되는 경우를 제외하고는 토압에 대하여 안전한 구조의 흙막이를 설치할 것
- 굴착공사 및 흙막이 공사의 시공 중에는 항상 점검을 하여 흙막이의 보강, 적절한 배수조치등 안전상태를 유지하도록 하고, 흙막이판을 제거하는 경우에는 주변지반의 내려앉음을 방지하도록 할 것

② 성토부분·절토부분 또는 되메우기를 하지 아니하는 굴착부분의 비탈면으로서 제25조에 따른 옹벽을 설치하지 아니하는 부분에 대하여는 법 제40조 제1항의 규정에 의하여 다음 각호에 의한 환경의 보전을 위한 조치를 하여야 한다.

- 배수를 위한 수로는 돌 또는 콘크리트를 사용하여 토양의 유실을 막을 수 있도록 할 것
- 높이가 3미터를 넘는 경우에는 높이 3미터 이내마다 그 비탈면적의 5분의 1 이상에 해당하는 면적의 단을 만들 것. 다만, 허가권자가 그 비탈면의 토

질·경사도 등을 고려하여 붕괴의 우려가 없다고 인정하는 경우에는 그러하지 아니하다. 비탈면에는 토양의 유실방지와 미관의 유지를 위하여 나무 또는 잔디를 심을 것. 다만, 나무 또는 잔디를 심는 것으로는 비탈면의 안전을 유지할 수 없는 경우에는 돌붙이기를 하거나 콘크리트블록격자 등의 구조물을 설치하여야 한다.

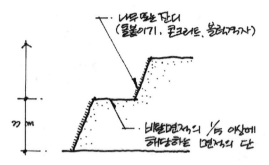

[그림 3-58 비탈면의 환경보존을 위한 조치]

8. 대지단면의 조성사례

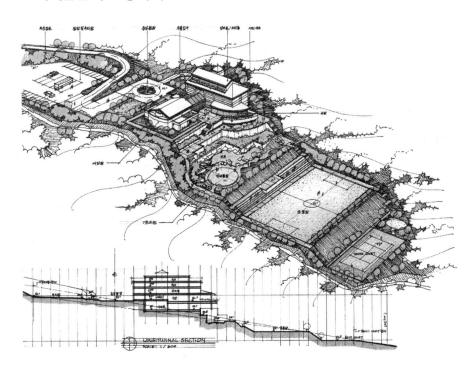

[그림 3-59 사례 1]

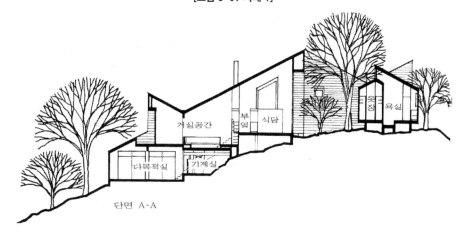

단면 A-A

[그림 3-60 사례 2]

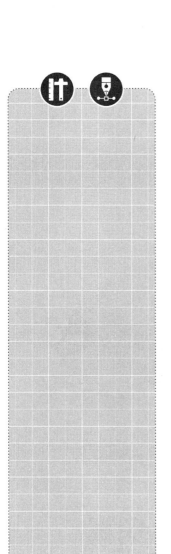

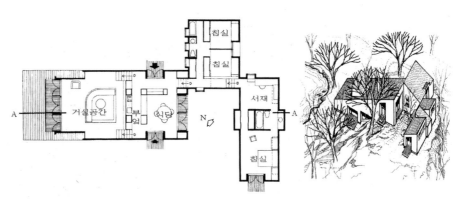

[그림 3-61 사례 3]

기존 지형에서 절토와 성토를 최소한으로 하면서
주택의 각 공간들의 바닥 높이와 건축기능과의 유기적인 관계를 고려하여 건축계획적으로 해결

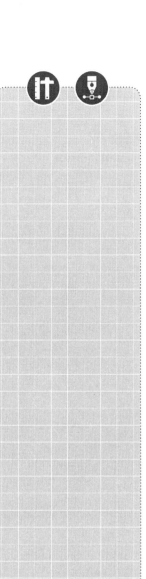

04 체크리스트

(1) 대지의 현황요소

① 제시된 대지의 단면을 정확히 이해하였는가?

② 대지단면에서 시설물이 위치할 적절한 경사지를 파악하였는가?

③ 대지내의 수목 및 지하암반 등의 제한요소는 파악하였는가?

(2) 대지단면의 건축가능영역 분석

① 도로 및 인접대지 경계선에서의 건축제한은 반영하였는가?

② 하천이나 호수의 조망에 대한 사선제한은 고려되었는가?

③ 최고고도지구 등에 의한 높이 제한은 고려하였는가?

④ 홍수범람수위를 고려한 건축물 배치가 되었는가?

⑤ 건축물 기초의 설치위치는 적절한가?

(3) 대지단면에서 시설물 배치계획

① 시설물배치에 대한 이격 등의 제한 조건은 만족하였는가?

② 건축가능영역의 범위 내에서 건축물을 배치하였는가?

③ 시설물 간의 이격거리는 허용 기준의 범위 내에서 계획되었는가?

④ 시설물 배치시 기능적인 관계는 고려되었는가?

⑤ 건축물의 출입조건을 고려하여 배치하였는가?

⑥ 도로에서 접근성을 확보해야 하는 시설물의 위치는 적용하였는가?

⑦ 건축물의 범례방향은 대지단면 배치시 원형대로 적용하였는가?

⑧ 건축물은 지하시설물을 피하여 계획하였는가?

⑨ 건축물은 홍수범람수위를 고려하여 계획하였는가?

(4) 대지의 단면 조정계획

① 절토 및 성토량을 고려하여 시설물 배치 및 단면조정계획을 하였는가?

② 조정된 단면상의 경사도는 허용범위 내에서 계획되었는가?

③ 건축물에 접한 높은 쪽 대지에는 배수로를 계획하였는가?

④ 배수로의 경사도와 위치는 적절한가?

⑤ 계획대지의 범위 내에서 지형조정을 하였는가?

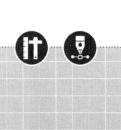

(5) 답안작성의 체크사항

① 작도의 요구조건을 충족하면서 답안을 정확히 작도하였는가?

② 요구시설물 및 조정된 단면선은 실선으로 잘 나타나도록 표현하였는가?

③ 각종 제한사항들의 치수 및 용어는 표현하였는가?

NOTE

③ 익힘문제 및 해설

01. 익힘문제

익힘문제 1. **대지단면 정리하기 1.**

다음 대지의 단면 위에 범례의 시설물을 배치하시오.

- 사무동은 지상 1층과 2층에서 출입하며, 후생동은 지상 1층 전후면 출입임
- 각 건축물은 대지경계선으로부터 10m 이상 이격함
- 일조권사선(수평 : 수직=1 : 2)과 문화재보호사선(수평 : 수직=2 : 1)을 적용함
- 이때 일조권 사선은 대지경계선 레벨에서, 문화재 보호사선은 경계지표면의 7.5m 상부에서 적용함
- 두 건축물은 20m 이상 이격
- 조정된 지형의 경사도는 2 : 1(수평 : 수직) 이내로 한다.
- 배수로는 고려하지 않음
- 최고높이 제한이 지정됨(+57.0m)

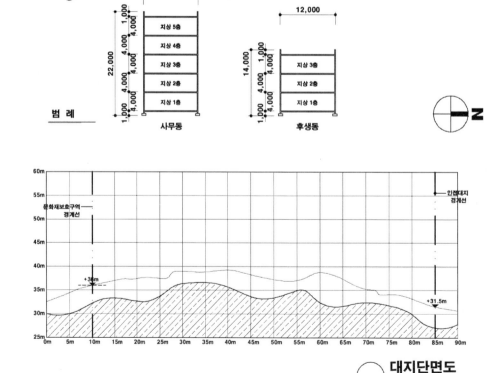

대지단면도
SCALE : 1/800

익힘문제 2.   대지단면 정리하기 2.

다음 대지의 단면위에 범례의 시설물을 배치하시오.

- 대지 안의 공동구 중심으로부터 모든 방향으로 2m 이내에는 시설물의 설치가 불가능함
- 휴게마당에는 음영이 지지 않도록 한다.(태양고도 45°)
- 조정된 지형의 경사도는 2 : 1(수평 : 수직) 이내로 한다.
- 가능하면 성토량과 절토량의 균형을 맞추도록 한다.
- 배수로는 고려하지 않음
- 시설물은 대지경계선에서 10m 이격
- 시설물 간은 15m 이격

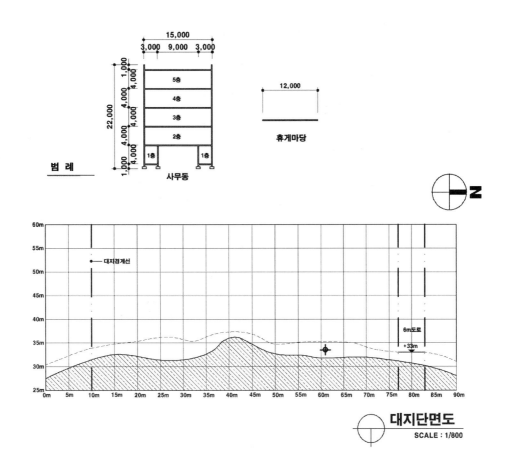

02. 답안 및 해설

답안 및 해설 1. 대지단면 정리하기 1. 답안

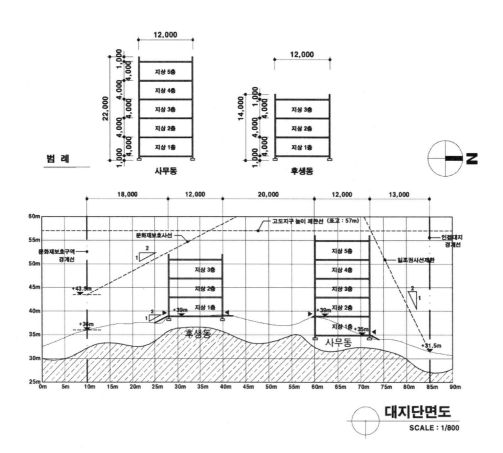

답안 및 해설 2. 대지단면 정리하기 2. 답안

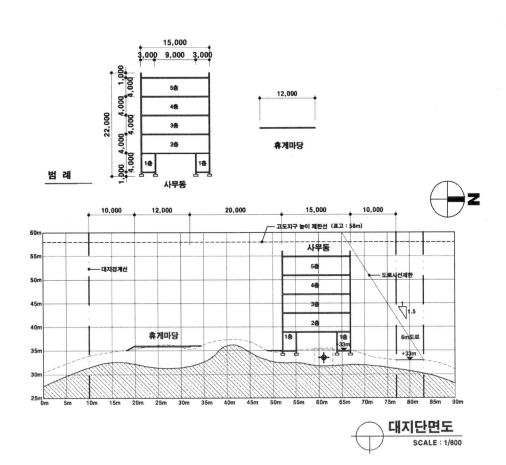

01. 연습문제

연습문제 제목: 청소년 수련시설의 대지단면 계획

1. 과제개요

제시된 대지에 청소년 수련시설을 계획하고자 한다. 아래 사항을 고려하여 시설물의 합리적인 배치와 지형조정이 되도록 대지단면을 계획하시오.

2. 대지개요

(1) 대지위치 : 제3종 일반주거지역

(2) 주변 및 지반현황 : 대지현황도 참조

3. 설계조건

(1) 배치요구시설

① 교육관 : 지상 5층

　－ 지상 1층과 지상 2층으로 출입

　－ 지상 1층 전면에는 수평구간(폭 3m) 설치

② 생활관 : 지상 5층

　－ 지상 1층 전·후면 출입

③ 휴게마당 : 수평으로 조성

(2) 배치계획시 고려사항

① 시설물 배치 및 지형 조정시 가급적 성·절토량을 최소화하며, 균형을 이루도록 한다.

② 시설물은 건축선 및 인접대지경계선에서 3m 이상 이격한다.

③ 휴게마당은 음영이 지지 않도록 하며, 이때 태양고도는 45°를 기준으로 한다.

④ 정북일조는 표고 48.0m를 기준으로 적용한다.

⑤ 건축물에 접하는 높은 대지 부분에는 배수로를 계획하되, 건축물에서 배수로 중심까지의 거리는 1.5m이다.

⑥ 조정된 지형의 경사도는 1/2을 기준으로 한다.

⑦ 층별 레벨과 이격거리는 정수(m단위)로 계획한다.

4. 도면작성요령

(1) 대지단면도에는 범례에 제시된 시설물을 배치하고 지형조정선을 굵은 실선으로 표현한다.

(2) 치수 및 표고는 m 단위로 표시한다.

(3) 주요치수 및 제한사항을 표시한다.

(4) 축척 : 1/400

5. 유의사항

(1) 제도는 반드시 흑색연필로 한다.(기타는 사용금지)

(2) 설계조건 이외의 사항은 현행 관계 법령의 범위 안에서 임의로 계획한다.

〈대지현황도〉축척 없음

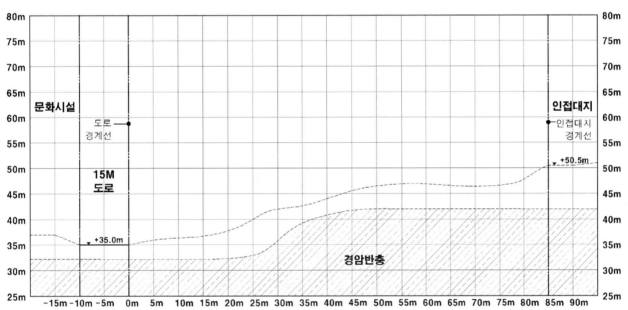

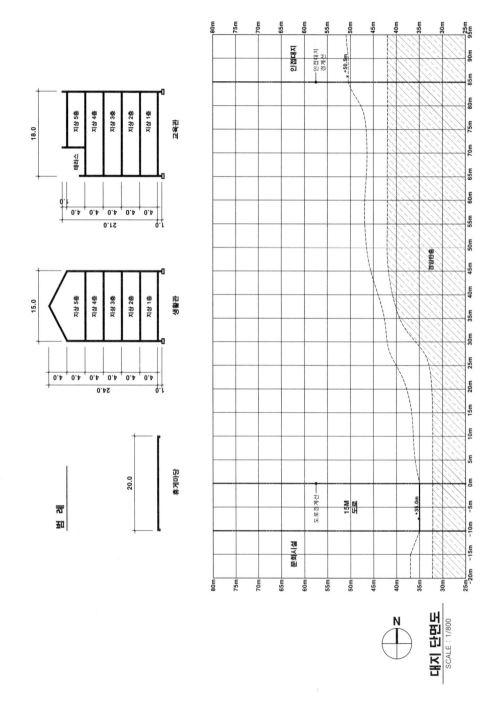

대지 단면도
SCALE : 1/800

02. 답안 및 해설

답안 및 해설 | 제목 : 청소년 수련시설 대지단면계획

(1) 설계조건분석

▶ 청연 수련시설 대지단면

1. 시설물 합리적인 배치, 지형조정

2. 제3종 일반주거지역 - 정북일조

3. (1) 배치 및 시설
- 교육관 (5층) : 지상1층, 지상2층 출입
  지상1층 전면 수영구간 (폭 3m)
- 생활관 (5층) : 지상1층 전·후면 출입
- 휴게마당 : 수평으로 조성

(2) • 시설물 배치 및 지형 조정
  ↗ - 가급적 성.절토량 최소화, 균형

(건물 옥외시설)

• 시설물 : 3m 이격 (건축선 & 인접대지 경계선)

• 휴게마당 : 음영 방지 (태양고도 45°)

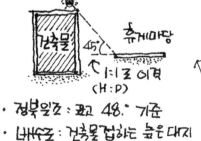

• 정북일조 : 표고 48.° 기준
• 배수로 : 건축물 접하는 낮은 대지

• 조정 경사도 : 1/2

• 종방향레벨, 이격거리 : 정수로 계획

(2) 대지분석

• 방위확인 : 일조 음영 … 법규확인 - 일조적용여부
• 영역확인 : 거리, 높이차 (대지 전체)
• 경사도 분석 : 완만, 급함
   레벨차 없는시설 ↔ 레벨차 시설

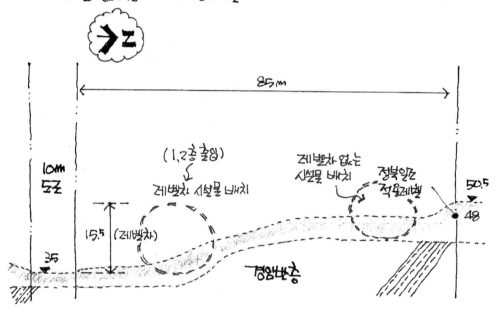

(3) 토지이용계획

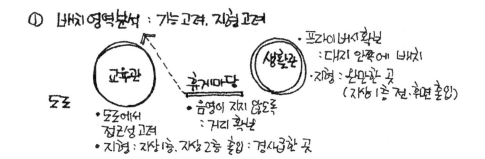

① 배치영역분석 : 기능 고려, 지형 고려

교육관
- 도로에서 접근성 고려
- 지형 : 지상 1층, 지상 2층 출입 : 경사급한 곳

휴게마당
- 음영이 지지 않도록 : 거리 확보

생활관
- 프라이버시 확보 : 대지 안쪽에 배치
- 지형 : 완만한 곳 (지상 1층 전 휴면 출입)

(4) 대지단면계획

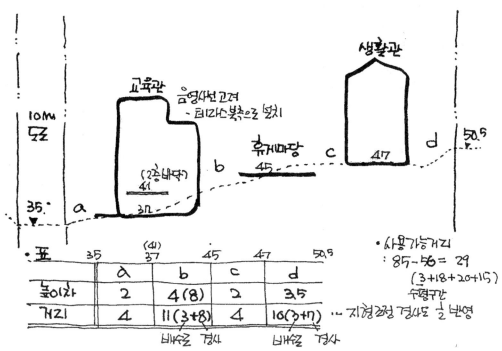

표	35	(4) 37	45	47	50.5
	a	b	c	d	
높이차	2	4(8)	2	3.5	
거리	4	11(3+8)	4	16(3+7)	…지형경사 경사도 ½ 반영

배수로 경사 (b), 배수로 경사 (d)

- 사용가능거리 : 85-56 = 29 (3+18+20+15) 수평구간

- b: 음영사선 검토 9.2(1.2+8) → 이격 9.2 < 11m (오케이)

- c: 일조사선 검토 40-48=-1, 20-1=19, 19/2 =9.5 <10m (OK)
  - 1F 적용 레벨
  - H

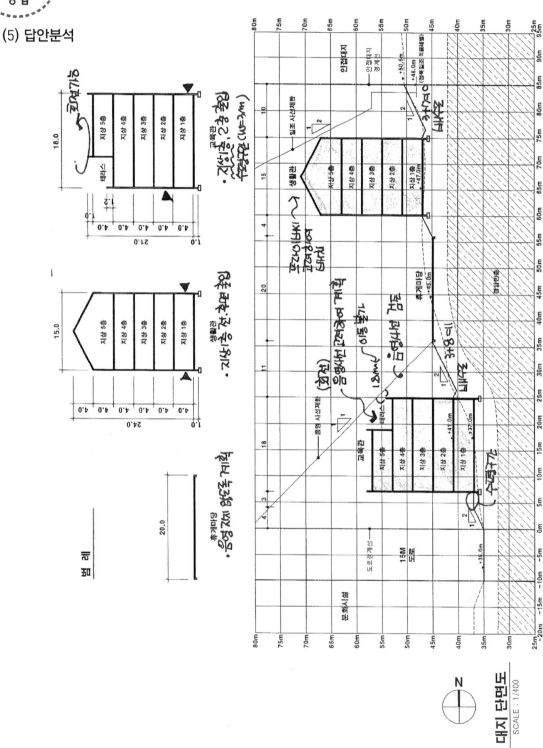

(5) 답안분석

대지 단면도
SCALE : 1/400

(6) 모범답안

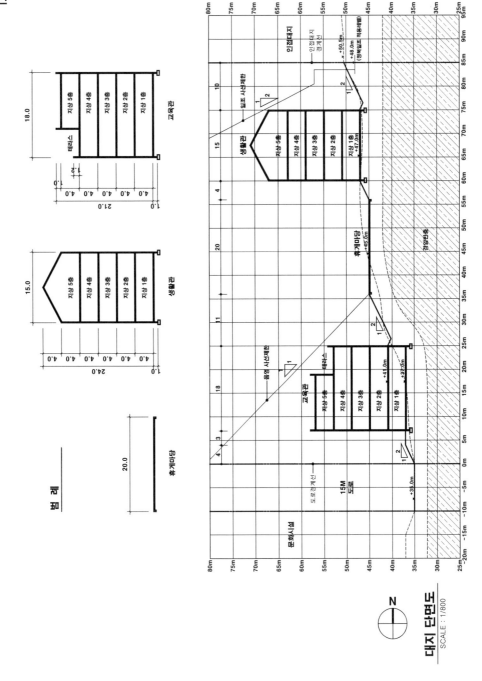

제4장

대지주차

① 개요

01. 출제기준

⊙ 과제 개요

'대지주차'과제에서는 계획대지 내 각종 동선, 진입도로의 성격과 대지조건 및 주변 환경 등을 합리적으로 고려한 주차장 계획 능력을 측정한다.

⊙ 주요 평가요소

① 주차 배치(주차 면적 및 주차 대수 등)의 적정성

② 차량동선, 보행자 동선, 하역동선 등 각종 동선계획의 적정성

③ 진입도로, 대중교통정류장, 대지 주변의 교통흐름과 체계, 차도 및 보도 등에 대한 계획 내용

④ 대지 내 교통체계, 택시 승강장, 소방도로 확보 상황 등

⑤ 대지 내 기존 시설물, 증축예정 건축물, 지하주차장, 지상 기계식주차시설 등 대지 조건에 대한 처리 내용

⑥ 대지 내 자연환경 요소(천연기념물, 보호수 포함), 지형(경사지의 고저차 포함) 등의 환경 요소와 인접도로(진출입도로 포함) 관련 처리 내용 등

이 기준은 건축사자격시험의 문제출제 및 선정위원에게는 출제의 중심 내용과 방향을 반영하도록 권고·유도하고, 응시자에게는 출제유형을 사전에 파악하게 하기 위한 것입니다. 그러나 문제출제 및 선정위원에게 이 기준의 취지를 문자 그대로 반영하도록 강제할 수 없으므로, 응시자는 이 점을 참고하여 시험에 대비하시기 바랍니다.

－건설교통부 건축기획팀(2006. 2)

02. 유형분석

1. 문제 출제유형(1)

✚ 차량 동선의 성격, 대지 지형 등을 고려한 주차장 계획

성격이 다른 자동차 동선이 같은 대지 안에 있을 때, 이를 적절히 분리하여 대지면적을 최대한으로 활용한 주차장을 계획하는 능력을 측정한다.

예1. 차량의 성격에 따라 동선을 계획하고, 건물의 출입구와 연계한다.

예2. 경사지의 고저차를 이용하여 주차장을 계획한다.

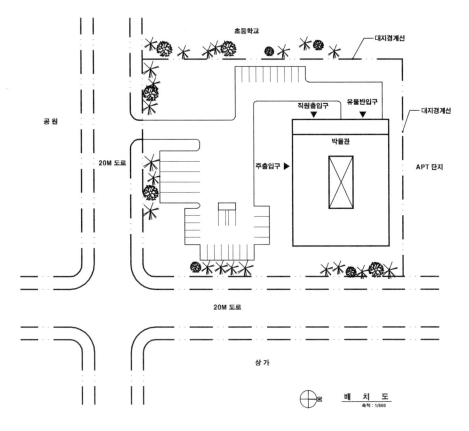

[그림 4-1 대지주차 출제유형 1]

2. 문제 출제유형(2)

✚ 대지조건 및 주변환경을 고려한 옥외주차장 계획

대지 안에 위치한 자연환경 요소와 기존 시설물을 고려하며 주어진 크기의 주차장을 동선에 무리 없이 확보하는 능력을 측정한다.

예1. 병원이 위치한 대지에서 인접한 도로의 폭과 성격에 따라 차량 진출입 도로를 설정하고, 증축을 대비한 옥외 주차장을 계획한다.

예2. 대지의 한가운데 있는 천연기념물인 보호수나 지하주차장의 출입구를 동시에 고려하며 주어진 주차 대수를 옥외 주차장으로 해결하거나, 기존 건물의 증축에 따라 주차장을 변경한다.

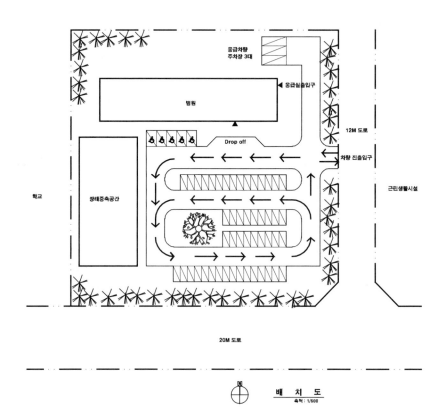

[그림 4-2 대지주차 출제유형 2]

3. 문제 출제유형(3)

✚ 주변환경 및 장래 수요 증가를 고려한 옥외 주차장계획

지하주차장이나 지상기계식 주차장이 옥외주차장과 함께 계획되는 경우 동선에 무리 없이 제시된 크기의 주차장을 확보하는 능력을 측정한다.

예1. 지하주차장 계획을 고려하여 주차장 진입경사로의 방향을 결정하고, 보차 동선이 교차하지 않고 이용자 승하차공간과 장애인 주차공간 등을 적정하게 배치한다.

예2. 기존 건물의 위치와 지하주차장 출입 경사로 및 주차 수요 증가에 대비하여 장래의 주차타워를 고려하여 표시한다.

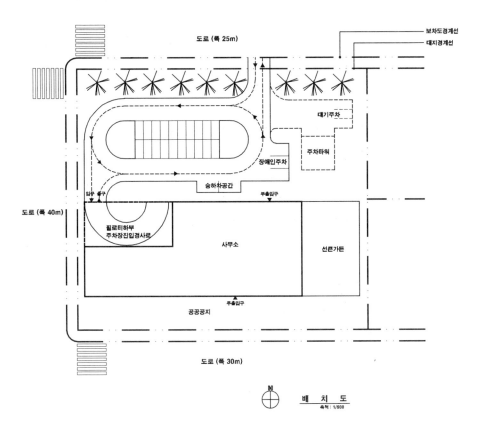

[그림 4-3 대지주차 출제유형 3]

01. 대지주차의 이해

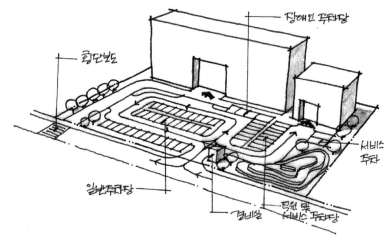

[그림 4-4 대지주차 계획의 이해도]

1) 일반 주차장

① 주차장 위치를 알기 쉬운 위치에 계획한다.

② 보행자의 이용성을 방해하는 주차계획이 되어서는 안 된다.

③ 목적지까지의 거리가 너무 멀지 않도록 계획한다.

④ 보행자는 습관상 주차된 차 뒤쪽의 통로로 이동하는 것을 선호하므로 통로를 건축물의 정면과 수직이 되도록 계획한다.

⑤ 가능한 한 순환차로로 계획하되 막힌 차로로 계획 시 회차공간을 두도록 한다.

2) 장애인 주차장

① 건물입구에 설치하며 차로를 건너지 않도록 계획한다.

② 장애자용 외부 경사로의 위치와 가깝게 배치한다.

3) 직원용 주차장

① 일반주차장과 분리하며 사무실 진입이 용이한 위치에 계획한다.

4) 화물/서비스 주차장

① 가능한 한 일반주차장의 차로를 통과하지 않도록 계획하는 것이 바람직하다.

● 주차장의 기능적 분리

다른 성격의 주차장은 동선을 처음부터 분리하거나 또는 통과할 경우 통과동선이 짧도록 계획함

● 주차장의 종류

① 일반 주차장
② 장애인 주차장
③ 직원용 주차장
④ 화물/서비스 주차장

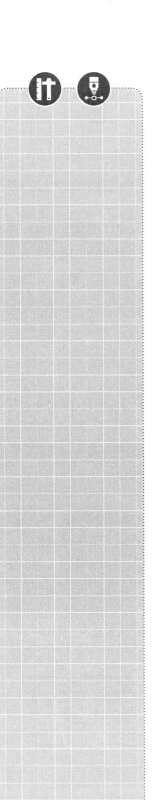

5) 수위실(주차관리실)

① 수위실의 위치는 차량의 통제가 용이한 곳에 배치한다.

6) 지상주차장과 지하주차장

① 지상주차장과 지하주차장은 연속성을 갖도록 계획한다.

② 가급적 지상주차를 확인 후 지하주차장으로 접근할 수 있도록 계획한다.

7) 조경계획

① 지하고(枝下高)가 낮은 수종은 운전자의 시야를 가릴 수 있으므로 주차장의 출구에 설치하지 않고 시각적 차단이 필요한 곳에 배치한다.

② 수액이 떨어질 수 있는 수목은 차량을 오염시킬 우려가 있으므로 식재하지 않는다.

③ 관목이 보행로 주변에 식재될 때 안내자의 역할을 한다.

02. 대지현황 분석

1. 대지 외부 현황

(1) 방위

건축물, 옥외시설물은 향(방위)을 고려한 배치가 되어야 하나 주차장 계획은 방위에 영향을 받지 않는다. 다만, 제시조건에 따라서 주차장의 향을 고려하여 배치할 수도 있다.

(2) 도로

1) 도로의 정의

① 일반적 정의
- 도로는 떨어져 있는 각각의 영역에 인간과 화물을 단기간에 신속하게 이동시키기 위하여 합리적으로 설치한 시설물이다
- 도로는 지형의 속성과 자연형상, 자연구조를 중요시해야 하며 주위환경의 일반적 속성과 동작이 일어나는 빈도도 반영하여야 한다.

② 도로법상 도로
일반의 교통에 공용되는 고속국도, 일반국도, 특별시도, 광역시도, 지방도, 시도, 군도, 구도를 말한다. 도로에는 터널, 교량, 도선장, 도로용 엘리베이터 및 도로와 일체가 되어 그 효용을 더하게 하는 시설 또는 공작물과 도로 부속물이 포함된다.

③ 도시계획 도로
폭 4m 이상의 도로로서 일반의 교통을 위하여 설치되는 도로를 말한다.

[표 4-1] 규모별 도로의 구분

도로	광로			대로			중로			소로		
구분	1류	2류	3류	1류	2류	3류	1류	2류	3류	1류	2류	3류
폭(m)	70이상	50~70	40~50	35~40	30~35	25~30	20~25	15~20	12~15	10~12	8~10	8미만

④ 건축법상의 도로
- 보행 및 차량의 통행이 가능한 폭 4m 이상의 도로를 말한다.
- 도로폭이 미달된 경우에는 법령에 적합하도록 확폭하여야 한다.

● 시설 또는 공작물

삭도, 옹벽, 지하통로, 무넘기시설, 배수로 및 길도랑 등

● 도로부속물

도로원표, 이정표, 방호울타리, 가로수, 가로등, 도로에 연접하는 자동차주차장, 정보제공장치 등 도로관리청이 설치한 것

⑤ 사도

도로법에 의한 도로나 도로법의 준용을 받는 도로가 아닌 것으로서 그 도로에 연결되는 길(사도를 개설하고자 하는 자는 관할시장, 군수의 허가를 받아야 하며 사도는 설치한 자가 관리한다)을 말한다.

2) 기능별 도로의 구분

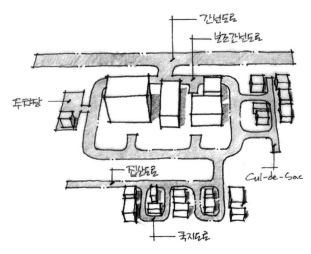

[그림 4-5 기능별 도로의 구분]

① 간선도로

- 시내 주요지역을 연결하거나 도시 상호 간이나 주요지방 상호 간을 연결하여 대량통과 교통을 처리하는 도로로서 도시의 골격을 형성하는 도로를 말한다.
- 간선도로는 차량의 고속 통행이 가능하게 설계되어 있으므로 간선도로 연변에 건물 진입로를 설치하지 말아야 한다.

② 보조간선도로

주간선도로를 집산도로 또는 주요 교통발생원과 연결하여 도시 교통의 집산기능을 하는 도로로서 근린생활권의 외곽을 형성하는 도로이다.

③ 집산도로

근린생활권의 교통을 보조간선도로에 연결하여 근린생활권 내 교통의 집산기능을 하는 도로로서 근린생활권의 골격을 형성하는 도로이다.

④ 국지도로

가구(街區 : 도로로 둘러싸인 일단의 지역)를 구획하는 도로이다.

● 도로의 규모별 구분

"도로의 구조 및 시설기준에 관한 규칙"에 의한 도로

도로의 종류	일반도로 (지방지역소재)
국도 국도 or 지방도 지방도 or 군도 군도	주 간선도로 보조 간선도로 집산도로 국지도로

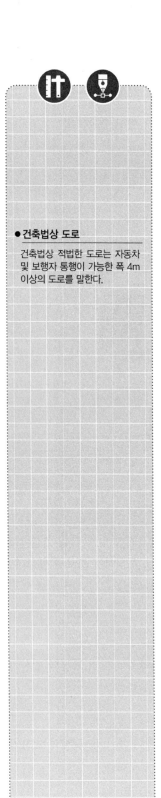

● **건축법상 도로**

건축법상 적법한 도로는 자동차 및 보행자 통행이 가능한 폭 4m 이상의 도로를 말한다.

⑤ 쿨데삭(Cul−de−sac)

단지 내의 막힌 길 형태의 교통체계로 도로폭은 반드시 2차선 이상의 폭을 확보해야 하며 길이는 최대한 120m를 넘지 않도록 한다. 중간에 전환점을 설치할 경우 300m까지 연장 가능하다.

3) 사용 및 형태별 도로의 구분

① 일반도로

폭 4m 이상의 도로로서 일반의 교통을 위하여 설치되는 도로이며 건축법상 적법한 도로이다.

② 자동차 전용도로

도시내 주요지역 간이나 도시 상호 간에 발생하는 대량교통량을 처리하기 위한 도로로서 자동차만 통행할 수 있도록 하기 위하여 설치하는 도로이며 건축법상 도로로 인정하지 않는다.

③ 보행자 전용도로

폭 1.5m 이상의 도로로서 안전하고 편리한 보행자의 통행을 위하여 설치하는 도로이며 건축법상 도로로 인정하지 않는다.

④ 자전거 전용도로

폭 1.1m(길이가 100m 미만인 터널 및 교량의 경우 0.9m) 이상의 도로로서 자전거의 통행을 위하여 설치하는 도로이다.

⑤ 고가도로

도시내 주요지역을 연결하거나 도시 상호 간을 연결하는 도로로서 지상 교통의 원활한 소통을 위하여 공중에 설치하는 도로이다.

⑥ 지하도로

도시내 주요지역을 연결하거나 도시 상호 간을 연결하는 도로로서 지상 교통의 원활한 소통을 위하여 지하에 설치하는 도로이다.

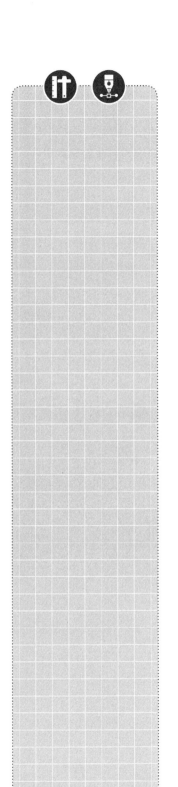

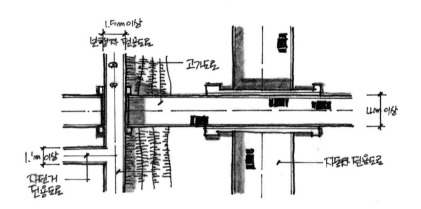

[그림 4-6 사용 및 형태별 도로 구분]

4) 주차계획에서의 도로

2이상의 도로가 접하여 있을 경우 폭이 넓은 도로를 주도로로 고려하여 보행동선
을 계획하고 폭이 좁은 도로를 부도로로 고려하여 차량동선을 계획한다. 이때, 차
량진출입구는 교차로에서 충분히 이격하여 설치하도록 한다.

(3) 주차장 출입구

도로에 차량 진출입구가 지정된 경우 반드시 지정된 위치에 계획하여야 한다.

차량진출입구가 지정되지 않았을 경우에는 교차로에서 충분히 이격된 부도로에 설
치하도록 한다.

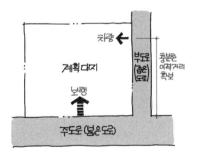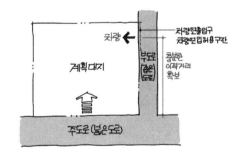

[그림 4-7 도로와 주차장 출입구]

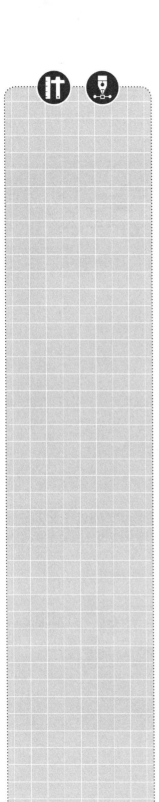

(4) 공원

주변에 제시된 공원은 대지내 보행동선과 연결을 고려할 수 있으며 제시된 조건을 따른다. 보행동선을 계획할 경우 차량동선과는 분리하여 교차되지 않도록 한다.

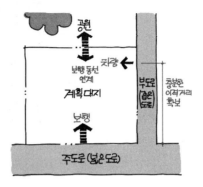

[그림 4-8 공원 고려한 계획]

(5) 공영주차장

계획대지의 주차장은 공영주차장과 인접하거나 보행 동선을 연결할 수 있다.

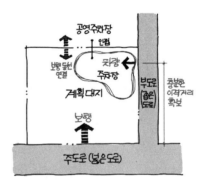

[그림 4-9 공영주차장 고려한 계획]

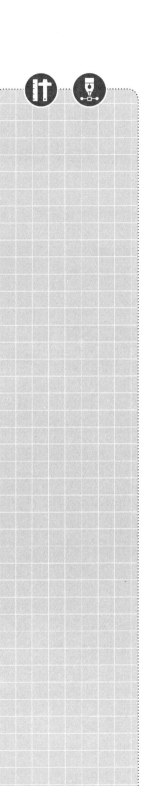

2. 대지 내부 현황

(1) 건축물

① 건축물의 위치는 주차장 영역을 제한하게 되므로 건축물에서 대지경계선까지의 가용거리를 파악하도록 한다.

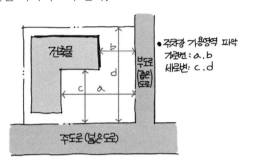

[그림 4-10 주차장 계획영역 파악]

② 건축물에 주어진 출입구의 기능을 구분하여 주차장 계획에 반영한다.
- 주출입구, 부출입구 : 보행 출입구
- 서비스 출입구 : 화물 반출입용 출입구, 하역공간과 접하여 계획
- 기계식 주차장 출입구 : 전면 공간 또는 방향전환장치를 설치

(2) 수목

수목을 보호하기 위한 영역을 확인하여 주차장을 계획한다. 수목의 일정부분까지 침범할 수 있으며 별도 조건이 없을 경우 가급적 수목을 침범하지 않도록 한다.

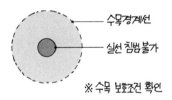

[그림 4-11 수목보호계획]

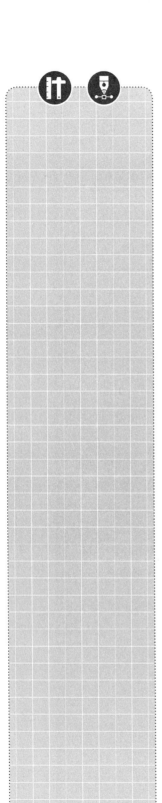

(3) 지형

등고선 레벨차 및 거리를 확인하여 경사의 정도를 파악한다.

완만한 영역에는 주차장을 계획하고 경사가 다소급한 영역에는 경사로를 계획한다.

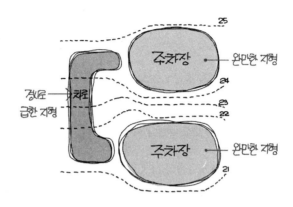

[그림 4-12 경사지형과 주차장 계획]

● 주차공간의 위치설정

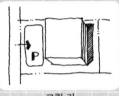

그림 가

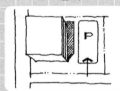

그림 나

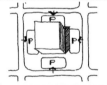

그림 다

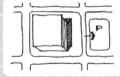

그림 라

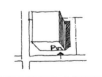

그림 마

03. 대지주차계획

1. 주차장 위치 및 구분

(1) 주차장 위치설정

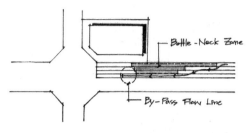

[그림 4-23 교통흐름 고려]

1) 주차장 설치의 입지조건

주차장의 입지상황에 따라 주차장으로 진입하기 위한 차량들로 인하여 주변 교통의 흐름이 끊기고

결국 병목현상을 유도하여 상습적인 교통정체를 야기한다. 외국의 경우에는 도로 연변에 설치하는 대규모 주차장으로 인하여 기존 도로의 서비스 수준이 현저히 저하되는 경우에는 주차장의 설치를 근본적으로 금지하고 있으며 불가피하게 설치될 경우에는 주차장 부지에 이르는 도로의 1~2km 전방에서 별도의 전용도로를 설치하고 진출도로 역시 별도로 확보하여 기존 도로의 흐름에 대한 영향을 최소로 줄이고 있다. 따라서 주차장의 입출구 설치시 주차장 내외의 교통흐름을 면밀하게 검토하여야 한다.

2) 주차장의 위치 선정에 따른 장단점

[표 4-2] 주차장의 위치 선정에 따른 장단점

	시설과 주차장의 위치 관계	장단점	적용조건
가	시설과 주차장을 병렬로 하는 경우	· 장점 : 도로에서 주차장의 이용상황을 파악할 수 있다. · 단점 : 주차출입구가 넓어진다.	· 비교적 소규모 주차장 · 주요상권에 가까운 방향에 주차장을 설치
나	시설의 배후에 설치하는 경우	· 장점 : 주차장의 차로를 대지 밖에 설치함으로써 보행자 동선과 분리할 수 있다. · 단점 : 도로에서 주차장의 존재 및 이용상황을 파악하기 어렵다.	전면도로에 보행자가 많은 경우
다	시설을 주차장으로 둘러싸는 경우	· 장점 : 주차장을 시설물 이용자에게만 제한하여 사용하게 할 수 있다. · 단점 : 대지형태에 따라주차장에서 시설물까지의 보행거리가 길어질 수 있다.	이용수단이 자동차 중심의 대규모 시설인 경우
라	시설 주변에 주차장을 분산시키는 경우	· 장점 : 자동차 이용자와 보행자를 동일한 동선에서 처리할 수 있다. · 단점 : 시설의 이용과 주차장의 이용에 시간차가 생긴다.	· 시설 주변에 공지가 분산되어 있는 경우 · 부설주차장 적용은 8대 이하 소규모에만 가능
마	시설의 일부에 주차장을 병설하는 경우	· 장점 : 이용객은 시설과 동일 건축물 내에 주차할 수 있으므로 시설물 이용이 용이하다. · 단점 : 건축비가 높아진다.	· 대지면적이 좁은 대규모 시설인 경우 · 지가가 매우 높은 경우

●주차장 형식

노상주차장

건축물부설주차장

노외주차장

주차전용 건축물

(2) 주차장의 분류

1) 설치장소에 따른 분류

[표 4-3] 주차장의 설치장소에 따른 분류

종류	내용	장단점
노상 주차장	도로의 노면 또는 교통광장에 설치	• 교통 소통에 많은 지장을 주므로 점차 폐지하는 추세에 있음 • 인근시설을 짧은 시간 내에 이용하고자 하는 경우에 적합함 • 주차요금을 비싸게 하여야 효과가 있음
건축물 부설 주차장	건축물 및 기타 주차수요를 유발하는 시설에 설치하는 주차장	• 건축물이나 시설이 속하는 대지 내 또는 건물 내부에 설치됨 • 주로 해당 건물이나 시설물의 이용자에게 제공됨 • 법적 의무사항임
노외 주차장	노상, 건축물 부설 주차장 이외의 주차장	• 순수한 주차전용 시설임 • 공사비가 많이 소요되는 구조물을 설치할 경우 사업성의 결여로 민간 운영 곤란 • 일반건물을 짓기 전에 일시적으로 사용하는 경우가 많음

2) 설치형태에 따른 분류

[표 4-4] 주차장의 설치형태에 따른 분류

종류	내용	장단점
평면 주차장	지형식으로 지면만을 이용	• 토지이용 효율이 낮음 • 공간인식성이 좋음 • 건물을 짓기 전에 임시로 활용하는 경우가 많음 • 유수지, 하천복개 등 건물을 짓기 어려움
입체	• 지하건축식 • 지상건축식 • 지하+지상 건축식	• 어느 경우이든지 상당한 비용이 소요됨 • 특히 지하 건축물의 경우 환기, 조명 등이 중요함 • 복층화되므로 동선처리 등이 복잡해짐

3) 주차방식에 따른 분류

[표 4-5] 주차장의 주차방식에 따른 분류

종류	내용	장단점
자주식 주차장	운전자가 직접 차를 운전하여 주차를 하는 방식	• 진출입에 소요되는 시간이 매우 적기 때문에 가장 일반적임 • 한 대당 건물 및 대지면적의 소요면적이 많아진다. • 통로의 계획이 중요함
기계식 주차장	기계의 구동에 의하여 자동차를 입출고시키는 방식	• 비교적 소요면적도 작고 비용이 적게 든다. • 한대당 입출차에 소요되는 시간이 자주식에 비해 3～10배 정도 소요되므로 불가피한 경우가 아니면 사용하지 않는 것이 좋다. • 50여대 이하의 소규모에 사용하는 것이 바람직하다. • 입출구 부근에 대기 차량공간이 매우 많아야 한다.
반자주식 주차장	지상의 진출입구에서 주차층까지는 기계식(카리프트)으로 이동한 뒤 자주식으로 주차하는 방식	• 자주식으로 처리하기에는 진출입구 부분의 공간이 충분치 않거나 경사로의 확보가 용이하지 않는 경우에 사용 • 진출입구 부분의 정체, 혼잡이 심해질 우려가 있다. • 비교적 50여 대 이하의 소규모에 적합

4) 기타 분류

[표 4-6] 주차장의 기타 방식에 따른 분류

분류유형	종류	내용
운영주체	공영주차장	국가 또는 지방자치단체가 공용의 사용을 목적으로 직접, 또는 위탁 운영하게 하는 주차장
	민영주차장	민간이 영리를 목적으로 운영하는 주차장
사용형태	공용주차장	공공의 이용에 사용되는 주차장
	전용주차장	특정 건물이나 시설을 이용하는 차량의 주차에 이용되는 주차장
기능	일반노외주차장	주위의 건물이나 시설을 이용하는 차량을 위한 주차장
	지하철환승주차장	지하철을 이용하여 출퇴근을 하거나 업무를 보기위한 운전자를 위한 주차장
	지역공동주차장	주차장 수용량이 부족한 소형건물 소유자, 공동주택 거주자 등이 인근에 공동으로 설치운영하는 주차장
도시계획	도시계획주차장	도시계획법에 의하여 설치된 주차장
	비도시계획주차장	도시계획이 아닌 건축법 또는 주차장법에 의하여 설치된 주차장

NOTE

● **공용주차장**

주차장법에서 언급하는 노상 및 노외 주차장이 바로 공용주차장이다.

2. 영역 및 동선계획

(1) 영역계획

1) 대지경계선 이격

대지길이에서 지정된 이격거리를 제외하여 주차장 가능 영역을 파악한다.
일반적으로 장변은 대수를 산정하고 단변은 주차형식을 결정한다.

2) 조경공간

대지경계선과 주차장 사이의 조경폭, 건축물과 주차장 사이의 조경폭이 지정되어
있을 경우, 대지길이에서 조경폭을 제외하면 주차장 가능영역을 확인할 수 있다.
장변과 단변을 파악하여 주차장을 계획하도록 한다.

(2) 동선계획

1) 차량동선

① 차량동선의 이해

차량동선은 그 흐름이 빠르며 제한된 공간 내에서 회전 및 전환 등의 움직임이
자유롭지 못하다는 단점을 갖는다. 또한 기존 교통패턴, 도로, 흐름의 방향, 상
대적인 속도, 신호등, 횡단보도, 육교 등은 차량동선의 흐름에 영향을 준다. 따
라서 차량의 동선계획시 보행자의 움직임과 안전에 우선적으로 주안점을 두어
계획되어야 하며, 보행자 및 차량에 최대한 안전함을 줄 수 있는 진입점을 선택
하여야 한다.

② 차량동선의 설계원칙
- 주위 도로의 동선의 흐름과 진입점을 조화시킬 것
- 차량과 보행자의 잠재적 충돌을 피할 것
- 차량의 진입점은 장래의 도로의 사용목적과 개발 계획을 반영할 것
- 자연적 환경의 변화를 최소화할 것
- 교차로 가까이 진입점을 설정시 신호 대기 중인 차량이 진입점을 막을 수 있으며
  진입차량에 의해 주변교통이 병목현상을 야기할 수 있으므로 계획시 유의할 것

● 대지경계선
- 건축선(도로경계선)
- 인접대지경계선

● 차량동선계획
초기계획시 동선스케치는 주차 계획의 질을 결정하는 중요한 판단 근거가 된다. 만일 보차동선이 교차될 경우는 교차부위에 횡단보도형 과속방지턱 등을 설치할 수 있다.

● 교차로와 출구
교차로 가까이 출구를 설치시 신호대기 중인 차량으로 인하여 주차장의 출구는 제역할을 하기가 어렵다.

[그림 4-14 출구 위치 적합 여부]

③ 차량동선 계획
- 교통량이 적은 도로(부도로)에 차량진출입구를 설치한다.
- 대지내 차량동선은 보행자 동선과 분리되도록 한다.
- 차량동선은 사용성을 고려하여 순환동선이 되도록 한다.
- 서비스동선은 일반차량동선과 가급적 분리하여 계획한다.
- 주차장내 차량동선은 명쾌하게 연결되도록 한다.
- 승하차장의 위치를 고려한 순환방향이 되도록 한다.

2) 보행자 동선

① 보행자 동선의 이해
  명쾌한 보행자 동선은 대지계획의 질적 수준을 결정하는 중요한 요소이다. 보행자는 방향 변화에 쉽게 적응하며 대상에 비하여 많은 면적을 차지하게 된다. 보행자와 차량은 충돌을 피하여야 하며, 보행자의 습관적 움직임에 주의하여 설계되어야 한다.

② 보행자 동선의 설계원칙
- 보행동선과 차량동선은 가급적 충돌하지 않도록 계획한다.
- 주변도로의 교통신호등 도로표지판 횡단보도등과 같은 교통설비요소를 반영하여 주진입점을 설계한다.

● 횡단보도

횡단보도는 식별성이 강한 재료로 포장하거나 페인트로 구별하도록 한다. 또한 장애자, 어린이, 노약자를 위한 특수시설을 한다.

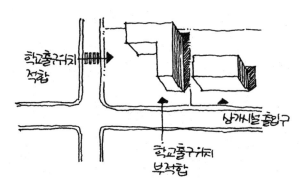

[그림 4-15 보행자 동선을 고려한 출구위치]

●**결절점 계획**

도로와 도로가 만나는 결절점과 대지와 대지가 만나는 부위는 공공을 위한 옥외공간(공개공지, 쌈지공원 등)을 계획 배치하는 것이 효율적이다.

- 보행공간의 질은 접근성(accessibilbity)과 연속성(continuity)에 있음을 명심한다.
- 보행자가 목적지를 분명히 알 수 있도록 한다.

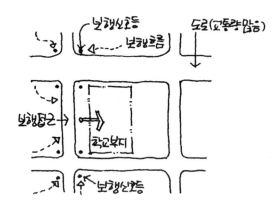

[그림 4-16 보행자 동선]

- 주 보행자 도로가 서로 만나는 결절점 주변에 공공의 오픈 스페이스를 둔다.
- 주 보행 동선은 매끈하게 포장하고 진입구 및 진입구 주변의 휴식 장소는 벽돌이나 콩자갈로 포장하는 등 기능에 따라 포장의 재질(texture)을 다르게 한다.
- 보행자 전용도로 및 녹지는 기능적으로는 보행자를 위한 것이지만 공간적으로는 오픈 스페이스와 어린이 놀이공간으로서도 중요하다. 오픈 스페이스로서의 보행로는 보행자 전용도로와 녹지, 보행자 전용도로와 주거동 사이를 연속된 공간으로 처리함으로써 공간의 연속감과 개방감을 주도록 한다.
  보행자 3인이 부딪치지 않고 통과할 수 있는 정도의 폭(2.4m)은 최소한 확보해야 한다.

● 횡단보도 설치

차량동선과 보행자 동선이 교차
될 경우 횡단보도 설치

• 보행도로는 블록내에서 단절되지 않아야 하며, 주차장 출입구나 상품의 하역 등에 의해 최대한 방해 받지 말아야 한다.

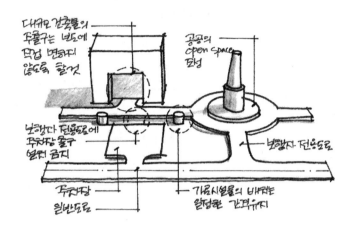

[그림 4-17 보행자 전용도로]

③ 보행자 동선계획

• 보행자의 대지 진입은 주도로측에서 이루어지도록 한다.
• 차량과 보행자의 동선 교차는 피하도록 계획한다.
• 주차장의 차로는 건축물의 출구를 마주보게 설치하여 운전자가 주차 뒷면의 보행로를 이용하게 한다.
• 보행 통로폭은 장애자용 휠체어가 서로 교차할 수 있도록 최소 1.35m 이상의 폭이 필요하다.
• 차로 횡단부에 횡단보도 표시를 한다.
  - 장애인 전용 주차공간에서 보도 및 출입구에 이르는 동선은 적정 경사를 확보한다.

3. 주차세부계획

(1) 차량진출입구

1) 주차장 법규계획

① 차량진출입구의 너비는 3.5m 이상, 주차대수 50대 이상은 출입구와 입구를 분리하거나 너비 5.5m 이상으로 한다.

② 당해 출구로부터 2m를 후퇴한 주차장의 차로의 중심선상 1.4m의 높이에서 도로의 중심선에 직각으로 향한 좌, 우측 각 60도의 범위 안에서 당해 도로를 통행하는 자를 확인할 수 있도록 하여야 한다.

③ 너비 4m 이상의 도로에서 출입하며 주차대수 200대 이상인 경우는 너비 6m 이상의 도로에서 출입하도록 한다.

④ 횡단보도(육교, 지하횡단보도 포함)에서 5m를 초과한 위치에 차량진출입구를 설치한다.

⑤ 종단구배가 10% 이하의 도로에 차량진출입구를 계획한다.

⑥ 유아원, 유치원, 초등학교, 특수학교, 노인복지시설, 장애인 복지시설 및 아동전용시설 등의 출입구로부터 20m를 초과하는 도로부분에 설치한다.

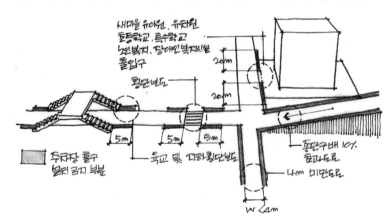

[그림 4-18 노외주차장 출구 및 입구의 설치금지 장소]

⑦ 출구 및 입구의 설치위치는 다음과 같다.

- 노외주차장과 연결되는 도로가 2 이상인 경우에는 자동차 교통에 미치는 지장이 적은 도로에 노외주차장의 출구와 입구를 설치하여야 한다.

- 예외 : 보행자의 교통에 지장을 가져올 우려가 있거나 기타 특별한 이유가 있

는 경우에는 예외로 한다.

⑧ 출구와 입구를 분리하여 설치하여야 하는 경우는 다음과 같다.

　　주차대수 400대를 초과하는 규모의 노외주차장의 경우에는 노외주차장의 출구와 입구는 각각 따로 설치하여야 한다. 다만 출입구의 너비의 합이 5.5미터 이상으로서 출구와 입구가 차선 등으로 분리되는 경우에는 함께 설치할 수 있다.

2) 차량진출입구 계획 방향

① 출입구 선정의 상위계획으로 주변도로에 관한 교통계획을 미리 세워둔다.

　　출입구를 선정하기 전에 주차장으로 들어오고 나가는 이용차량이 주변의 교통에 지장을 초래하지 않도록 그 방향별 경로를 미리 가정하여 교통계획을 세워두는 것이 바람직하다.

② 주요 간선도로변에는 출입구를 설치하지 않는다.

　　도시 고속도로, 고속 자동차국도, 일반국도, 주요지방도 등의 도시 간 또는 다른 주요지역과 연결하는 주요 간선도로는 기능상 주차장의 출입구를 설치하기에는 부적절하다.

③ 교통량이 많은 도로는 피한다.

　　• 주도로와 부도로가 제시될 시 부도로에서 차량진입을 유도한다.
　　• 교통량은 적지만 보행자 통행량이 많은 곳의 경우에도 가능한 한 피하는 것이 좋다.

④ 주변지역의 환경을 고려하여 배치한다.

　　입구는 운전자가 쉽게 식별할 수 있어야 한다. 폭이 일정하지 않은 도로, 휘어진 도로 등은 운전자가 출입구를 찾기 어려울 뿐만 아니라 운전자가 다른 차를 볼 수 없기 때문에 위험하다. 따라서 주차장 출입구는 교차로 등에서도 적당한 거리를 유지해야 할 뿐만 아니라 주변상황을 판단하기 쉬운 곳에 설치하여야 한다.

⑤ 출입구는 가능한 한 분산시키지 않는다.

⑥ 우회전으로 차가 입출고되는 것을 원칙으로 주차장 출입구 위치를 선정한다.

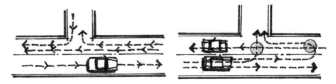

[그림 4-19 좌회전이나 U턴 등의 방법으로 차가 주차장에 진입하는 경우]

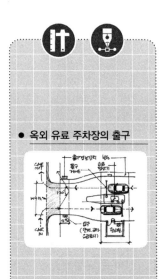

⑦ 차량 출입구는 안전상 도로교차점에서 이격거리를 필요로 한다.

도로 교차점에서 약 20m 이상 떨어지는 것이 이상적이나 최소한 10m 이상은 확보하여야 한다.

⑧ 입구와 출구가 분리된 경우에는 그 위치 선정에 유의한다.

주차장에 진입하기 위해서 대기하는 차량때문에 주차장을 빠져나가는 차가 밀리거나 출고되는 차와 주차장에 진입하는 차의 경로가 서로 교차되는 것을 피해야 한다.

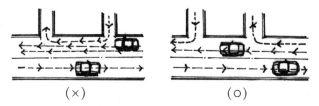

(×)   (○)

[그림 4-20 주차장 입구와 출구의 관계]

⑨ 교차로에서 신호대기하고 있는 차량의 방해를 받지 않는 곳에 출입구를 설치한다.

(×)   (○)

[그림 4-21 교차로와 출입구의 관계]

⑩ 주차대기 차량이 도로에 늘어서 있는 경우를 언제나 염두에 둘 필요가 있다.

주차장 진입을 위해 도로에 대기하고 있는 차량이 도로를 통과하는 다른 교통의 흐름을 방해할 수 있는 위치, 예를 들면 교차로 통과 직후에는 주차장 진입구를 설치하지 않는다.

⑪ 버스 승강장, 택시 승강장 등에서 적정 이격거리를 확보한다.

3) 차량진출입구 계획

① 차량의 진입도로는 교통량이 적은 도로에서 계획한다.

교통량이 많은 도로변에 진입점을 설치시 병목현상이 발생할 수 있으므로 계획시 유의하며, 가능한 한 차량의 진입은 부도로를 선택한다.

② 진입도로와 차량의 진출입구 차로는 직각 교차로 한다.

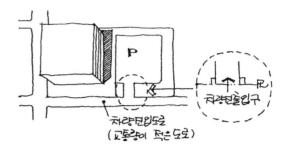

[그림 4-22 차량 진입도로]

③ 진입 후 충분한 진입 길이 및 차량회전을 고려한다.

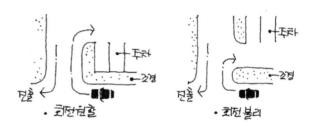

[그림 4-23 차량회전 반경 고려]

④ 차량동선의 진입점은 가급적 회전의 횟수가 적게 발생하도록 계획한다.
⑤ 운전자의 시야를 확보한다.

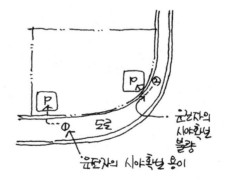

[그림 4-24 운전자의 시야확보]

(2) 차로

1) 차로의 법적 기준

노외주차장에는 자동차의 안전하고 원활한 통행을 확보하기 위하여 다음에 정하는
바에 의하여 차로를 설치하여야 한다.

- 주차부분의 장, 단변 중 1변 이상이 차로에 접하여야 한다.
- 차로의 너비는 주차형식에 따라 다음 표에 의한 기준 이상으로 하여야 한다.

[표 4-7] 주차형식에 따른 차로기준

주차 및 차로의 크기		출입구 2개	출입구 1개	적용조건
평행 주차		3.3	5.0	주차장 폭이 협소하고 길이가 길 때 적용
직각 주차		6.0	6.0	• 같은 면적에서 가장 많은 주차대수 확보 • 주차공간폭이 충분한 여유가 있을 때 설치 가능 • 건축사 시험에서 적용
45° 대향 주차		3.5	5.0	직각주차보다 많은 면적이 필요하지만 폭이 좁은 대지에 적용할 수 있다.
60° 대향 주차		4.5	5.5	건축사 시험에서 적용하기 어렵다.

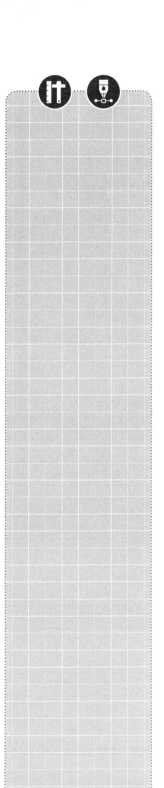

2) 차로계획

① 차로의 진행방향은 장애인 주차, 승하차장의 위치 등을 고려하여야 한다.

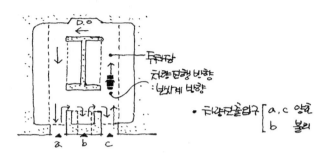

[그림 4-25 진입점 및 진행방향]

② 차로는 건축물 출입구의 직각방향으로 설치하여 주차 뒷면의 보행로를 이용하도록 계획한다.

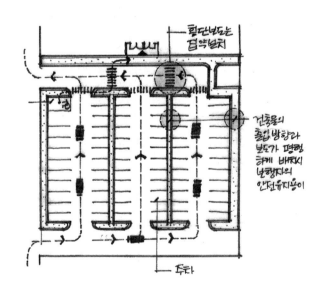

[그림 4-26 건축물 출입방향과 주차장의 관계]

③ 주차장과 목적지 사이의 보도거리는 60m 이내로 계획하되 150m를 초과하지 않도록 한다.

④ 주차장의 차로는 일반적으로 주차영역의 장변으로 설치하는 것이 유리하다.

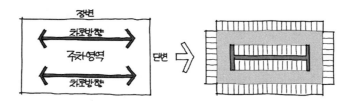

[그림 4-27 주차영역과 차로계획]

(3) 주차 단위구획

1) 주차단위 구획

① 평행주차형식의 경우

[표4-8] 평행 주차 단위 구획

구 분	너비	길이
경 형	1.7m 이상	4.5m 이상
일 반 형	2.0m 이상	6.0m 이상
보도와 차도의 구분이 없는 주거지역의 도로	2.0m 이상	5.0m 이상
이륜자동차전용	1.0m 이상	2.3m 이상

② 평형주차형식 외의 경우

[표4-9] 평행 주차 외의 단위 구획

구 분	너비	길이
경 형	2.0m 이상	3.6m 이상
일 반 형	2.5m 이상	5.0m 이상
확 장 형	2.6m 이상	5.2m 이상
장애인 전용	3.3m 이상	5.0m 이상
이륜자동차전용	1.0m 이상	2.3m 이상

· 주차단위구획은 흰색 실선(경형자동차 전용주차구획의 주차단위구획은 파란색 실선)으로 표시하여야 한다.

2) 주차 형식에 의한 계획

① 평행주차

- 평행주차는 운전자가 가장 주차하기에 어려움을 겪는 주차방식임에도 불고하고 많이 이용되는 이유는 폭이 좁은 도로 등에도 주차공간을 만들 수 있다는 장점이 있기에 노상주차에 많이 이용된다.
- 일반적으로 다른 주차방식이 차량 1대의 주차에 필요한 주차공간을 2.3m×5.0m의 공간을 요구하는 데 반하여 이 주차방식은 2.0m×6.0m의 주차공간을 요구하고 있다.

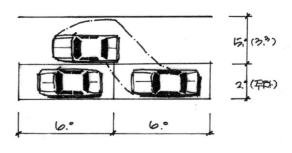

[그림 4-28 평행주차]

② 45도 경사주차

- 45도 주차는 직각 주차방식 다음으로 많이 이용된다.
- 이 방식의 장점은 특히 대향주차일 경우 폭이 좁은 주차장 내에서도 많은 차량을 주차시킬 수 있는 점이다.

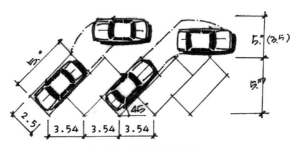

[그림 4-29 45도 경사주차]

③ 60도 경사주차

- 이 주차방식은 전진 및 후진의 어느 경우에나 사용가능하며 주차시 차량조작의 편리성이 가장 좋다.
- 직각 주차방식을 이용하기에는 주차장이 폭이 좁아서 불가능할 경우 이용하는 방식이다.

• 따라서 직각주차 방식 다음으로 가장 경제적인 주차방식이다.

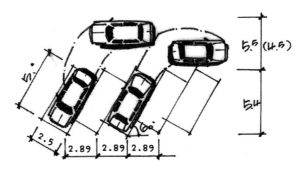

[그림 4-30 60도 경사주차]

④ 직각주차

• 가장 많이 이용되는 방식으로 전진 및 후진 중 어느 경우에도 가능하다.

• 주차의 편리성뿐만 아니라 차량 한 대당 소요면적도 다른 방식에 비하여 가장 경제적인 주차방식 이다.

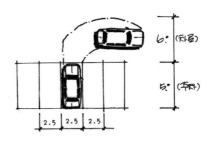

[그림 4-31 직각주차]

(4) 직각주차형식

주차깊이 5m 차로 너비 6m를 기준으로 주차형식의 규모를 정한다.

① 일면주차

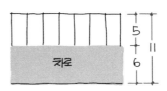

[그림 4-32 1면 주차]

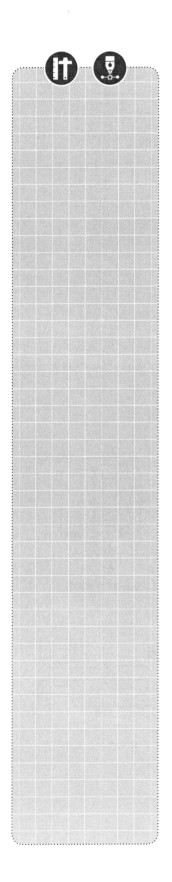

② 이면주차(양면주차)

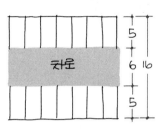

[그림 4-34 2면 주차]

③ 삼면주차(양면주차 + 일면주차)

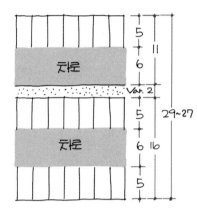

[그림 4-34 3면 주차]

④ 사면주차(양면주차 + 양면주차)

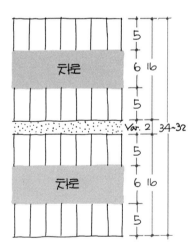

[그림 4-35 4면 주차]

⑤ 일면주차 2열

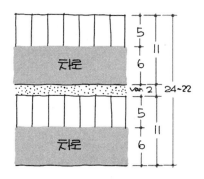

[그림 4-36 2면 순환주차]

(5) 주차장 내부동선

일반적인 부설주차장을 반시계방향으로 순환하여 승하차공간의 효율성을 고려한
다. 주차장의 내부동선은 막다른 형식, 순환형식으로 구분되며 일방통행은 순환형
식의 주차장에서 가능하다.

단, 진출입구가 분리된 경우에도 일방통행으로 계획할 수 있다.

① 원칙적으로 일방통행 방식으로 계획한다.

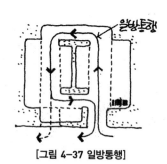

[그림 4-37 일방통행]

② 막힌 차로로 계획 시 가급적 회차공간
을 둔다.

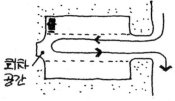

[그림 4-38 막힌 차로 회차공간]

● 승하차장 위치

・ 보행동선과 인접
・ 시설물로의 접근이 용이한 위치

③ 서비스 차량, 응급실의 구급차량은 가능한 한 일반주차장의 차로를 통과하지 않도록 한다.

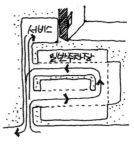

[그림 4-39 서비스 주차]

④ 호텔, 병원 등과 같은 용도의 건축물은 건축물 전면에 승하차 공간(Dropoff Area)을 둔다.

[그림 4-40 승하차 공간]

(6) 승하차장 계획

1) 승하차장 계획

① 승하차장은 차량에서 보행동선으로 연결되는 특성을 이해하며 배치되어야 한다.

② 완화차선 형태의 승하차장은 차량의 정차가 원활히 이루어지도록 한다.

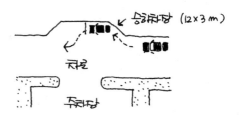

[그림 4-41 승하차장]

③ 승하차장은 건물의 출입구 또는 보행로와 인접하여 계획하도록 한다.

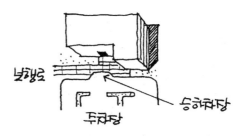

[그림 4-42 보행로 및 승하차장]

2) 차량진행방향과 승하차장

① 차량진행방향의 우측에 승하차장을 계획한다.

② 용도에 따라서 승하차장은 순환차로에 의한 연결이 되도록 한다.

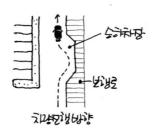

[그림 4-43 차량진행 방향 및 승하차장]

(7) 장애인주차

1) 장애인 전용주차구획의 설치

특별시장·광역시장·시장·군수 또는 구청장이 설치하는 노외주차장의 주차대수 규모가 50대 이상인 경우에는 주차대수의 2퍼센트로부터 4퍼센트까지의 범위에서 장애인의 주차수요를 고려하여 지방자치단체의 조례로 정하는 비율 이상의 장애인 전용주차구획을 설치하여야 한다..

① 장애인 주차장은 주출입구 부분에 설치하여 장애인이 차로를 건너지 않도록 한다.

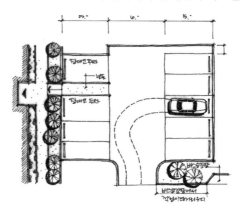

[그림 4-44 장애인 주차장]

② 건축물 주출입구 부분에 장애인용 경사로가 설치되어 있다면 장애인주차장에서 이용성을 고려하여 인접하여 계획한다.

● **차량 경사로 위치**

지상의 차량 동선에 방해되지 않도록 하고 가급적 지상주차장을 확인한 후 지하주차장으로 연결되도록 한다.

(8) 차량 경사로 계획

1) 법규계획

차량 경사로는 직선형과 곡선형인 경우 경사로가 달리 지정되어 있으며, 차선의 폭을 만족시켜야 한다. 법에서 정한 다음 기준을 반영하여 경사로를 계획한다.

또한 자주식 주차장으로서 지하식 또는 건축물식에 의한 노외주차장과 기계식 주차장으로 자동차용 승강기로 주차하고자 하는 층까지 운반된 자동차가 주차에 사용되는 부분까지 자주식으로 들어가는 노외주차장의 차로는 다음 기준에 적합하여야 한다.

- 높이   – 차로 : 2.3m 이상
        – 주차에 사용되는 부분 : 2.1m 이상
- 굴곡부 : 5m(50대 초과시 6m) 이상의 내변반경으로 회전 가능토록 할 것
- 경사로의 차로너비 및 종단구배

[표 4-10] 경사로의 차로너비 및 종단구배

경사로 형태	차로너비		종단구배
직선형	1차선 : 3.3m 이상		17% 이하
	2차선 : 6.0m 이상		
곡선형	1차선 : 3.6m 이상		14% 이하
	2차선 : 6.5m 이상		

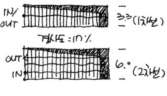

[그림 4-45 직선형 경사로]

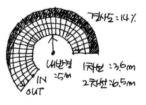

[그림 4-46 곡선형 경사로]

- 경사로의 차로에 연석 설치 : 경사로의 양측 벽면으로부터 30cm의 거리에 높이 10~15cm의 연석을 설치할 것
- 경사로의 노면은 거친면으로 할 것
- 주차대수 50대 이상인 경우 경사로는 너비 6m 이상인 2차선 차로를 확보하거나 진입, 진출 차로를 분리할 것

2) 경사로의 구성요소

지하 주차장 경사로는 법 기준 내 경사도를 확보하여야 하며 아래와 같이 상세 조건을 만족시켜야 한다.

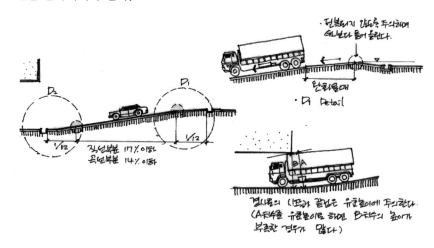

[그림 4-47 지하주차장 경사로]

(9) 기계식 주차장 계획

1) 기계식 주차장의 구성요소

① 기계식 주차장에는 수직순환, 수평순환, 엘리베이터식 등의 다양한 종류가 있다.

② 주차공간을 지하 또는 지상 설치위치, 승차위치, 사용대상자(일반인, 여성, 장애인 등), 출차시간 등의 다양한 요소를 감안하여 최적의 방식을 선택하도록 한다.

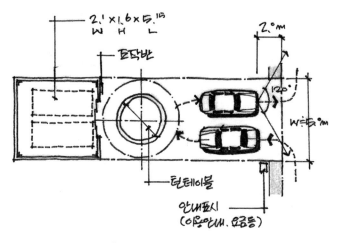

[그림 4-48 기계식 주차장]

● 방향전환장치

① 방향전환장치가 전면에 있는
경우 전면공지를 계획하지
않아도 된다.
② 내장형 방향전환 장치를 구비
한 기계식 주차장 전면에도
공지를 계획할 필요가 없다.

2) 기계식 주차장의 전면공지

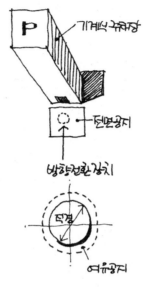

[그림 4-49 전면공지]

[표 4-11] 전면공지 크기

	너비	길이
중형	8.1m	9.5m
대형	10m	11m

[표 4-12] 방향전환장치

	직경	여유공지
중형	4.0m	1.0m
대형	4.5m	1.0m

(10) 옥내 주차장 계획

1) 옥내주차장 설치기준

① 자동차용 승강기로 운반된 자동차가 주차구획까지 자주식으로 들어가는 노외
주차장은 주차대수 30대마다 1대의 자동차용 승강기를 설치하여야 한다.

② 노외주차장의 일산화탄소의 농도는 주차장을 이용하는 차량이 가장 빈번한 시
각의 전후 8시간의 평균치가 50ppm 이하로 하여야 한다.

③ 자주식 주차장으로서 지하식 또는 건축물식에 의한 노외주차장에는 바닥으로부
터 85cm의 높이에 있는 지점이 70럭스 이상의 조도를 유지할 수 있어야 한다.

④ 노외 주차장에는 자동차의 출입 또는 도로교통의 안전을 확보하기 위하여 경보
장치를 설치하여야 한다.

⑤ 주차대수 30대를 초과하는 규모의 자주식주차장으로서 지하식 또는 건축물식
에 의한 노외주차장에는 주차장 내부 전체를 볼수 있는 폐쇄회로 텔레비전 및
녹화장치를 포함한 방범설비를 설치, 관리하여야 한다.

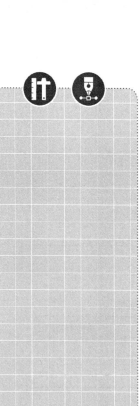

2) 자주식 주차장의 평면적 요소

① 효율적이고 경제적인 기둥 간 사이를 검토한다.

② 법령에 의한 필요치수를 검토하며 적법한 공간을 구획한다.

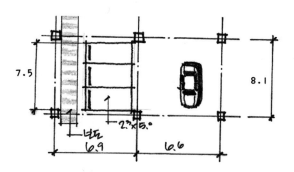

[그림 4-50 주차면을 고려한 기둥간격]

③ 주차단위구획 치수와 차로의 폭은 적법한지 검토한다.

④ 지하주차장에서 차로의 회전반경에 유의한다.

⑤ 장애자용 주차장의 크기와 위치는 적절한지 검토한다.

⑥ 승강용 공간과 출입구까지의 안전통로 또는 경사로는 적법한지 검토한다.

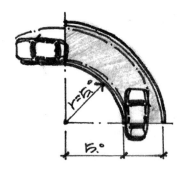

[그림 4-51 곡선형 차량경사로의 회전반경]

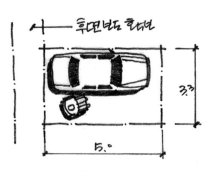

[그림 4-52 장애자 주차장의 규격예시]

● **주차장 필요높이**

① 주차부분의 높이 : 2.1m 이상
② 차로부분의 높이 : 2.3m 이상

3) 자주식 옥내 주차장

① 주차부분의 높이는 바닥면으로 부터 2.1m 이상, 차로 부분의 높이는 주차 바닥면으로 부터 2.3m 이상을 확보하여야 한다.

② 방연구획의 수직벽 높이를 확보한다.

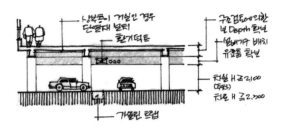

[그림 4-53 옥내 주차장 단면이해]

③ 드라이 에어리어를 설치하여 주차장 내의 자연환기 배연계획을 수립하며 환기용 배기는 정차위치 후방에서 유도한다.

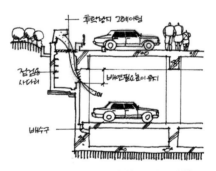

[그림 4-54 주차장 내 자연환기 배연 계획]

④ 옥내 주차장의 공간적 구성요소를 이해하고 주차의 편의성과 안전성에 목표를 두어 설비적 요소를 계획한다.

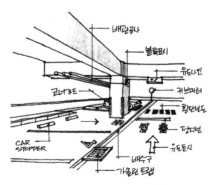

[그림 4-55 설비적 요소계획]

(11) 부설주차장의 구조 및 설비기준

1) 단독주택 및 다세대주택으로서 시장, 군수가 인정하는 주택의 부설주차장을 제외한 부설 주차장은 아래와 같이 노외주차장의 구조 및 설비기준을 준용한다.

① 부설주차장과 연결되는 도로가 2 이상인 경우에는 자동차 교통이 적은 도로에 출구와 입구를 설치한다.
  • 예외 : 보행자의 교통에 지장이 있는 경우 등은 예외
② 주차대수 400대를 초과하는 부설주차장은 출구와 입구를 따로 설치할 것
③ 노외주차장의 구조 및 설비기준 제 6조 1~7호 및 9호를 준용한다.
  • 예외 : 기계식 주차장으로 기능 및 성능을 건설교통부장관이 인정하는 경우 건설교통부장관이 정하는 기준에 따라 설치할 수 있다.

2) 자주식 부설주차장의 총주차대수 규모가 8대 이하인 자주식 주차장의 구조 및 설비기준은 다음 규정에 의한다.

① 차로의 너비는 2.5m 이상으로 하되 주차단위구획과 접하여 있는 차로의 너비는 좌측 표에 의한다.
② 보도와 차도의 구분이 없는 너비 12m 미만인 도로에 접한 부설주차장은 그 도로를 차로로 하여 주차단위구획을 배치할 수 있다. 이 경우 차로의 너비는 도로를 포함하여 6m 이상(평행주차형식인 경우에는 도로를 포함하여 4m 이상)으로 하며, 도로의 범위는 중앙선까지로 하되 중앙선이 없는 경우에는 도로 반대측 경계선까지로 한다.
③ 보도와 차도의 구분이 있는 12m 이상 도로에 접하여 있고 주차대수가 5대 이하인 부설주차장은 당해 주차장의 이용에 지장이 없는 경우에 한하여 그 도로를 차로로하여 직각주차형식으로 주차단위구획을 배치할 수 있다.
④ 5대 이하의 주차단위구획은 차로를 기준으로하여 세로로 2대까지 접하여 배치할 수 있다.
⑤ 출입구의 너비는 3m 이상으로 한다.
  • 예외 : 막다른 도로에 접한 경우로서 시장, 군수, 구청장이 차량 소통에 지장이 없다고 인정하는 경우에는 2.5m 이상으로 할 수 있다.
⑥ 경사로의 종단구배는 직선, 곡선 모두 17%를 초과하지 않도록 한다.
⑦ 보행인의 통로가 필요한 경우에는 시설물과 주차구획 사이에 0.5m 이상의 거리를 두어야 한다.

● 차로의 너비(8대 이하, 일방)

주차형식	차로너비
평행주차	3.0m
직각주차	6.0m
60도 대향주차	4.0m
45도 대향주차	3.5m
교차주차	3.5m

●주차 방식

주차 방식과 출구에 따른 프로토
타입을 정리하여 둔다.

(12) 주차장계획 사례

1) 진출입구가 분리된 1면 직각주차방식

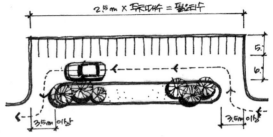

[그림 4-56 1면 직각주차방식]

2) 진출입구가 분리된 2면 직각주차방식

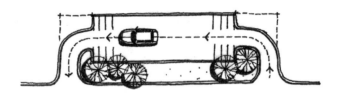

[그림 4-57 2면 진출입구 분리 직각주차방식]

3) 회차공간이 있는 2면 막다른 직각주차방식

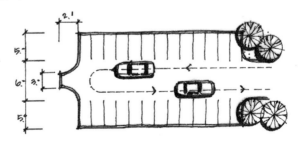

[그림 4-58 2면 막다른 직각주차방식]

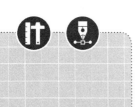

4) 진출입구가 1개소인 직각주차방식

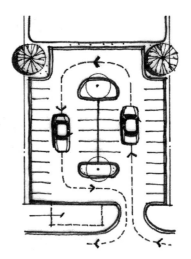

[그림 4-59 진출입구 1개소 직각주차방식]

5) 진출입구가 분리된 직각주차방식

① 일반적인 형태

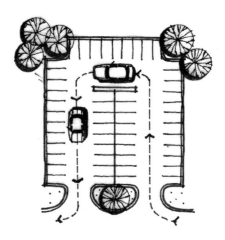

[그림 4-60 진출입구 분리 직각주차방식 1]

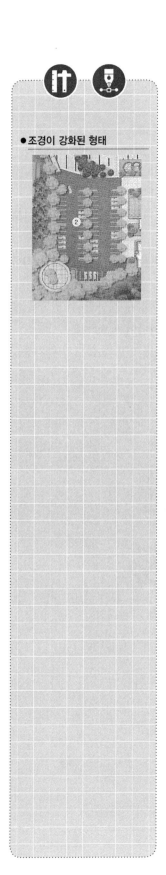

② 조경이 강화된 형태

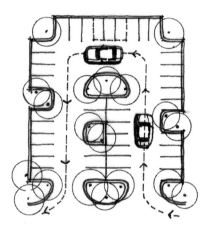

[그림 4-61 진출입구 분리 직각주차방식 2]

● 병원의 동선

① 환자동선
② 일반방문객 동선
③ 사체운구 동선
④ 구급동선
⑤ 서비스 동선이며 사체운구
　동선과 구급동선은 환자와
　외래진료 방문의 시야차단
　계획 필요

4. 건축물의 용도별 주차계획

(1) 병원 주차계획

① 환자, 일반 방문객, 사체, 구급, 서비스 동선을 분리하여 출입구를 계획한다.

② 외래진료 부분은 병원 전체의 중심부이며 주출입구가 위치한다.

③ 외래진료 방문객의 차량동선은 주출입구 현관 캐노피를 지나 주차장으로 가도록 계획하는 것이 일반적이다.

④ 외래진료 방문객의 보행과 차량출입은 주도로를 이용하여 진입하도록 계획하는 것이 일반적인 접근법이다.

⑤ 응급처치 부분은 외부에서 쉽게 식별 가능하고 용이하게 접근할 수 있도록 계획하며, 외래 진료 방문객의 주출입구와는 시각적 차단이 필요하다.

⑥ 사체의 출입구는 일반 차량동선과 분리하여 계획하며 별도의 독립된 주차장을 설치한다.

⑦ 서비스 동선은 일반 동선과 분리하여 계획한다.

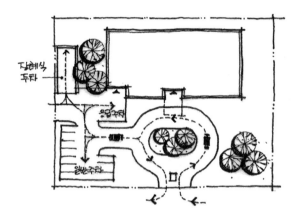

[그림 4-62 병원의 차량동선]

● 호텔의 동선

① 일반 객실 이용객 동선
② 연회장 이용객 동선
③ 직원 및 서비스 동선

(2) 호텔 주차계획

① 고객 동선은 주 진출입구 → 주현관 → 주차장으로 순환동선이 유지되도록 하고 이용고객이 대규모일 경우 진입과 진출을 분리하여 계획한다.

② 객실 이용객과 연회장 이용객의 동선을 분리하여 계획한다.

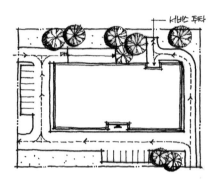

[그림 4-63 호텔의 차량동선]

(3) 드라이브 인 뱅크

① 드라이브 인 창구에 자동차 접근이 용이하여야 하며 창구는 운전석 쪽으로 계획한다.

② 창구 업무를 필요로 하지 않는 차량을 위한 우회차로를 계획한다.

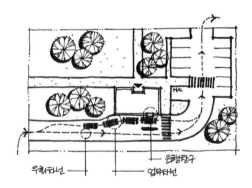

[그림 4-64 드라이브 인 뱅크]

(4) 쇼핑센터 주차계획

① 주차장 위치는 매장 주 출입구에 최대한 근접시킨다.

② 고객의 매장 진출입이 용이하도록 주차배열을 고려하며 주차장과 매장 사이에 높이 차를 두지 않도록 하며 단차를 둘 경우 적절한 경사로를 설치한다.

③ 매장 출구 측에 하차공간을 설치한다.

④ 서비스 동선은 고객 동선과 분리하여 설치한다.

⑤ 고객이 사용하는 카트 적치장을 주차장 내에 설치한다.

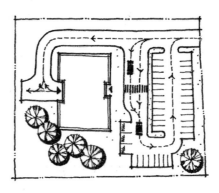

[그림 4-65 쇼핑센터의 차량동선]

(5) 버스터미널 주차계획

① 터미널 이용객의 차량과 보행자 진출입은 주로 주도로에서 이루어진다.

② 버스의 진출입은 부도로에서 이루어진다.

③ 터미널의 주출입구 부분에 이용자를 위한 정차공간(Drop off)을 두도록 한다.

④ 버스 이용객이 차로를 건너지 않도록 계획한다.

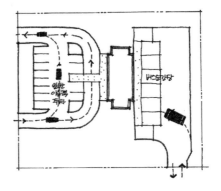

[그림 4-66 버스터미널의 차량동선]

04. 체크리스트

(1) 보행동선 계획의 적합성 여부

① 보행자의 진입은 주도로에서 이루어지고 있는가?

② 보차분리는 확실한가?

③ 옥외 장애인 경사로는 요구된 기준에 적합한가?

(2) 차량동선 계획의 적합성 여부

① 이면도로의 경우 부도로에서 차량 진출입구가 설정되었는가?

② 순환차로 또는 막힌 차로의 형식을 요구할 경우 준수하였는가?

③ 막다른 주차방식으로 계획될 경우 회차공간은 계획되었는가?

④ 도로와 차량 진입 차로는 직각방향으로 계획되었는가?

⑤ 차량 출입구 설치금지 부분에 대한 법규를 준수하였는가?

⑥ 승하차공간 계획시 차량 진행방향을 고려하였는가?

⑦ 출구의 투시각은 출구에서 2m 후퇴한 차로의 중심선에서 직각을 향해 좌우 60도 이상 확보되었는가?

⑧ 부득이한 경우가 아니라면 서비스 차량이나 트럭이 일반주차장의 차로를 통과하지 않도록 계획되었는가?

⑨ 장애인이 주차 후 차로를 건너 가도록 계획되었는가?

⑩ 유료주차장으로 계획시 매표창고의 위치는 운전석 방향으로 계획되었는가?

⑪ 드라이브 인 뱅크 계획시 창구의 위치는 운전석 방향으로 계획되었는가?

(3) 주차장 계획결정의 적합성 여부

① 요구된 주차대수는 준수하였는가?

② 장애인 주차장, Drop-off 공간의 위치는 적절한가?

③ 지상주차장의 차로와 지하주차장 또는 기계식 주차장의 차로는 일관성 있는 계획이 유지되었는가?

④ 가능한 한 주차장 둘레에 폭 1.5m~2.0m 정도의 화단과 같은 완충공간을 확보하였는가?

⑤ 자전거 보관소의 위치와 요구대수는 적절한가?

(4) 답안작성의 체크사항

① 차량의 진행동선은 올바르게 표현하였는가?

② 보행자의 동선은 표현되었는가?

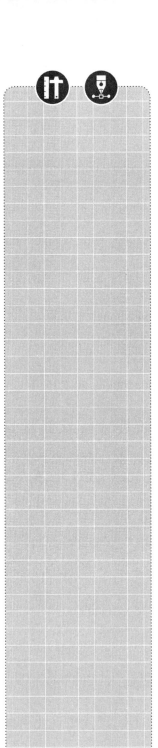

③ 작도의 요구조건을 충족하였는가?

④ 계획된 답안을 정확히 작도하였는가?

⑤ 답안에 요구된 용어는 적절히 표현하였는가?

⑥ 각종 제한사항을 표기하였는가?

⑦ 주차구획 번호와 장애자용 구획 표시는 누락하지 않았는가?

⑧ 보행자 출구 및 차량의 출구 표시는 누락하지 않았는가?

⑨ 범례에 의한 표기조건은 만족하였는가?

NOTE _____

❸ 익힘문제 및 해설

01. 익힘문제

익힘문제 1.   대지주차 정리하기 1.

다음의 요구조건을 만족하는 주차장을 계획하시오.(축척 1 : 400)

- 차대수 : 12대 이상(장애인 주차 2대 포함)
- 주차방식 : 직각주차
- 차량진출입구 : 1개소
- 조경폭 : 2m 이상
- 기존나무들은 보존(도면의 주기 참고)
- 주보행로 : 폭 3m 이상, 부보행로 : 폭 1.5m 이상
- 출입구에 이르는 외부계단과 장애우용 경사로 설치
  (장애우용 경사로의 경사도는 1/8로 한다.)
- 관리상 보행자와 차량은 동일한 위치에서 진입하는 것으로 계획

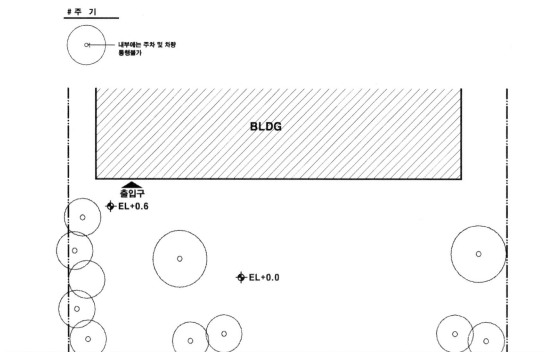

익힘문제 2.   대지주차 정리하기 2.

다음의 요구조건을 만족하는 주차장을 계획하시오.(축척 1:400)

- 주차대수 : 25대 이상(장애인 주차 2대 포함)
- 주차방식 : 직각주차
- 차량진출입구 : 1개소
- 조경폭 : 2m 이상
- 기존 나무들은 보존(도면의 주기 참고)
- 주보행로 : 폭 3m 이상, 부보행로 : 폭 1.5m 이상
- 출입구에 이르는 외부계단과 장애우용 경사로 설치
  (장애우용 경사로의 경사도는 1/8로 한다.)
- 관리상 보행자와 차량은 동일한 위치에서 진입하는 것으로 계획

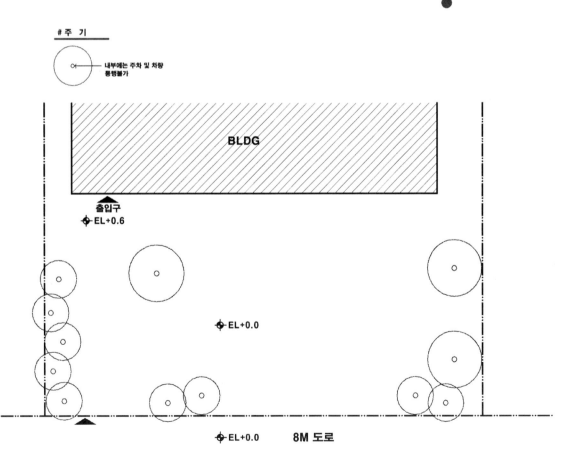

익힘문제 3. 대지주차 정리하기 3.

다음의 요구조건을 만족하는 주차장을 계획하시오. (축척 1 : 400)

- 주차대수 : 36대 이상(장애인 주차 2대 포함)
- 주차방식 : 직각주차
- 차량진출입구 : 1개소
- 조경폭 : 2m 이상
- 기존 나무들은 보존(도면의 주기 참고)
- 주보행로 : 폭 3m 이상, 부보행로 : 폭 1.5m 이상
- 출입구에 이르는 외부계단과 장애우용 경사로 설치
  (장애우용 경사로의 경사도는 1/8로 한다.)
- 관리상 보행자와 차량은 동일한 위치에서 진입하는 것으로 계획

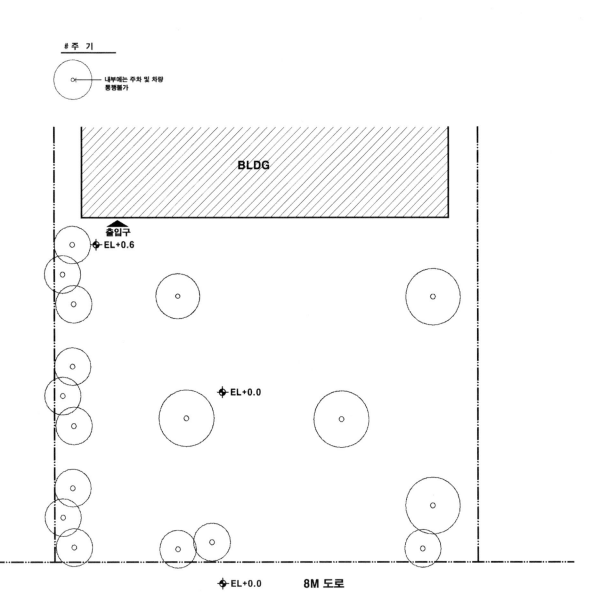

주 기

내부에는 주차 및 차량
통행불가

BLDG

출입구

EL+0.6

EL+0.0

EL+0.0   8M 도로

02. 답안 및 해설

답안 및 해설 1. 대지주차 정리하기 1. 답안

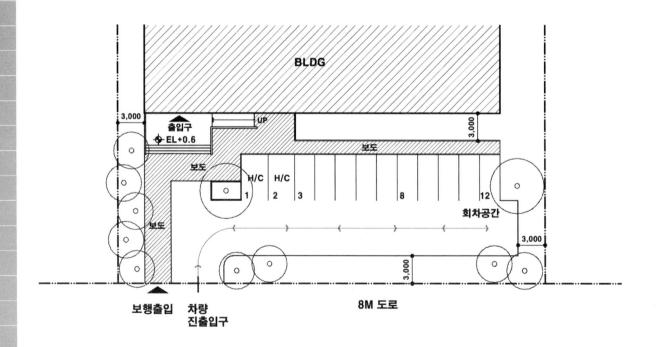

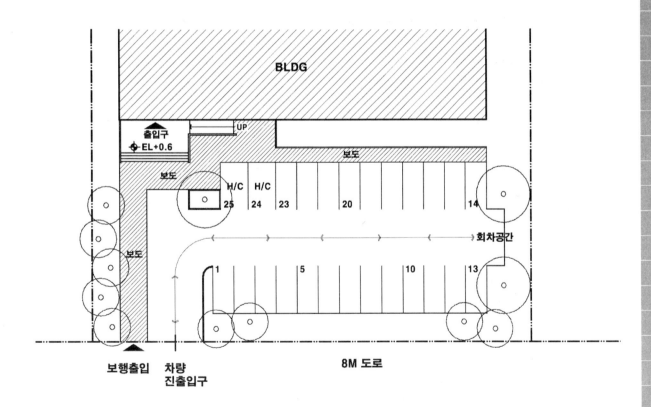

답안 및 해설 2. 대지주차 정리하기 2. 답안

익힘문제를
통한
이론 정리

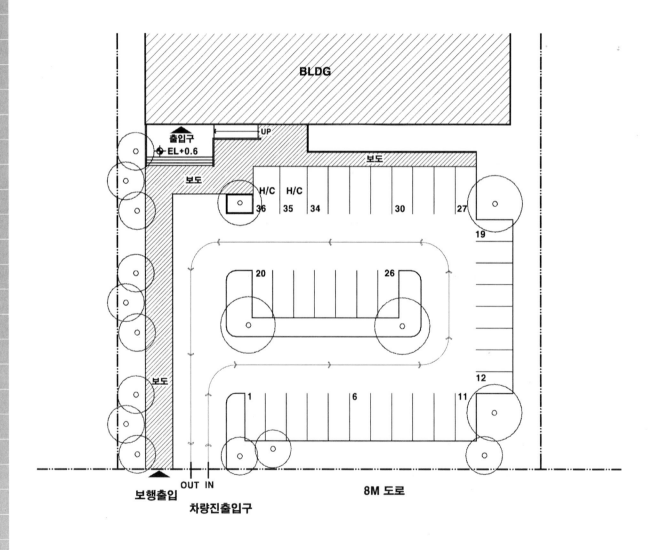

NOTE

④ 연습문제 및 해설

01. 연습문제

연습문제 **제목 : OO회사의 주차장 계획**

1. 과제 개요

제시된 도면은 도심지에 위치한 OO회사의 사옥 배치도이다. 제시 조건에 맞추어 합리적인 주차장을 계획하시오.

2. 계획조건

(1) 주차대수 : 41대 이상(장애인용 : 4대 포함)

(2) 주차방식 : 직각주차

(3) 주차규격 : 일반 2.3m × 5.0m

　　　　　　　장애인용 3.3m × 5.0m

(4) 차로 및 차량진출입구 : 폭 6.0m 이상

(5) 승하차공간 : 12m × 3m

(6) 보도 : 폭 3m 이상(진입보도 포함)

(7) 조경 : 아래의 부분에 최소폭 2m 이상으로 계획하되 도로 및 인접대지 경계선 부분은 3m 이상으로 계획함

　① 차로와 주차면 사이, 주차면과 주차면 사이

　② 건축물 및 휴게마당 주변

(8) 휴게마당 : 320m² 이상

(9) 지하주차장 경사로 : 폭 6m 이상(경사도 1/6 이하)

(10) 기타 계획조건

　① 주출입구와 부출입구에서 접근이 용이한 위치에 승하차 공간과 장애인 주차를 적절히 계획함

　② 주차장의 동선은 순환 되도록 계획함

　③ 출입구 전면의 계단 및 경사로는 고려하지 않음

④ 15m 도로는 차량의 통행량이 많음

⑤ 조경공간을 제외한 모든 시설물은 수목을 포함할 수 없음

⑥ 진입보도는 15m 도로에서 진입함

3. 도면작성요령

(1) 차로, 보도, 주차구획, 차량경사로 등을 실선으로 표시

(2) 시설명, 주차대수 및 주요 치수를 기입 (장애인용은 HP로 표시)

(3) 차량의 진행방향을 화살표로 표현

(4) 단위 : m

(5) 축척 : 1/600

4. 유의 사항

(1) 제도는 반드시 흑색연필로 한다. (기타는 사용 금지)

(2) 명시되지 않은 사항은 현행 관계 법령의 범위 안에서 임의로 한다.

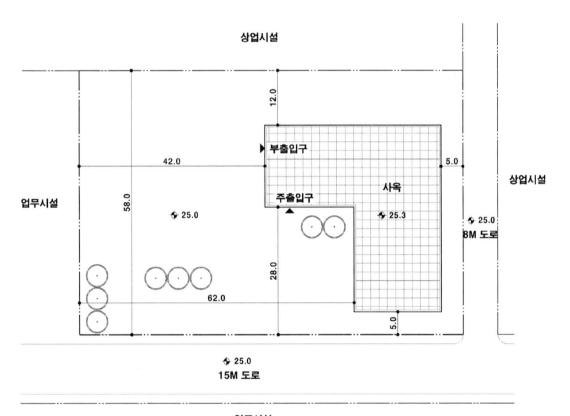

상업시설

12.0

▶ 부출입구

42.0

5.0

상업시설

58.0

사옥

업무시설

25.0

주출입구

▲

25.3

25.0

8M 도로

28.0

62.0

5.0

25.0

15M 도로

업무시설

현 황 도

SCALE : NONE

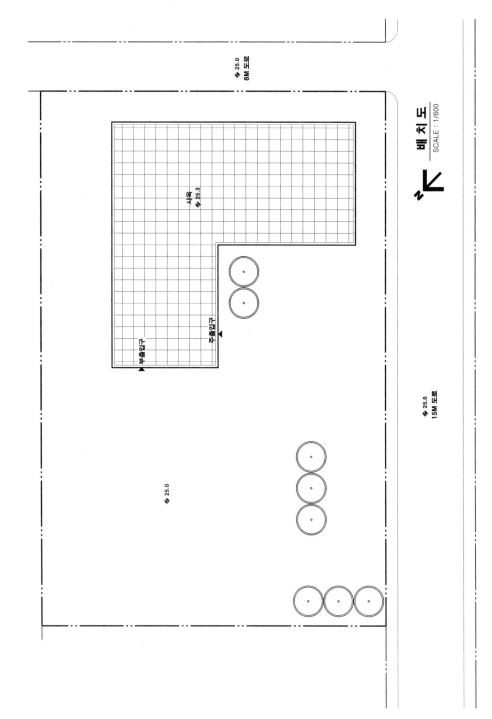

배 치 도
SCALE : 1/600

25.0
8M 도로

25.0
15M 도로

25.0

사옥
25.3

부출입구

주출입구

02. 답안 및 해설

답안 및 해설 | 제목 : ○ ○ 회사의 주차장 계획

(1) 설계조건분석

▶ OO회사의 주차장 계획

1. 합리적 주차장 계획

2. • 주차대수 : 41 (HP 4)
   - 방식 : 직각주차
   - 규격 [일반 2.3×5.°
          [HP 3.3×5.°
   • 차로 & 차량진출입구 W=6.°m
   • 승하차장 (D.O) 12×3
   • 보도 W=3m 이상 (진입보도 포함)
   • 조경 [3m : 도로, 인접대지 경계선
          [2m [차로 ↔ 주차면
               [주차면 ↔ 주차면
               [건축물 & 휴게마당 주변
   • 휴게마당 : 320m² → √320 = 17.88
                              ≒ 18
   • 지하주차장 경사로 W=6m (1/6)

   6m↕ [그림] Ramp 길이 ≒ 18m
        └ 6 ┘

3. 도면작성 요령
4. 유의사항

• 기타 계획조건
   - ⓓ.ⓞ 보출입구
     ⓗ.ⓟ 구출입구 접근용이
   - 주차장

   - 출입구 전면 ·· 계단, 경사로 고려 ⊗
     [그림] └ 계획제외
   - 15m 도로 교통량 많음 → 차량진출입구 포함
                           보행출입구 계획
   - 조경 - 수목 포함가능 / 기타 수목 포함불가
   - 진입보도 : 15m 도로에서 진입

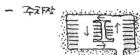

     보도 15m 도로

(2) 대지분석

- 주변 교통분석
  - 15m도로 … 보행
  - 8m 도로 … 차량
  - 출입구 분석

- 대지내 영역 분석
  : 주차장 가능영역.
  (폭.길이)

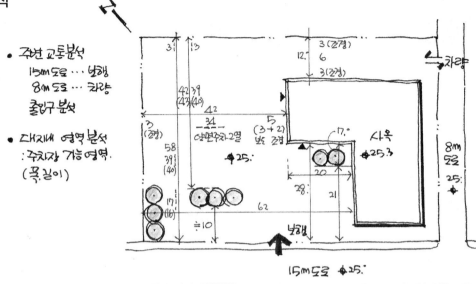

(3) 토지이용계획

① 경로분석
  - 출입 & 차량동선
  - 지하주차장 동선

② 영역분석
  - 주차영역
  - HP (4대)
  - D.° (12×3)

  - 휴게공간(마당)

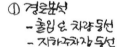

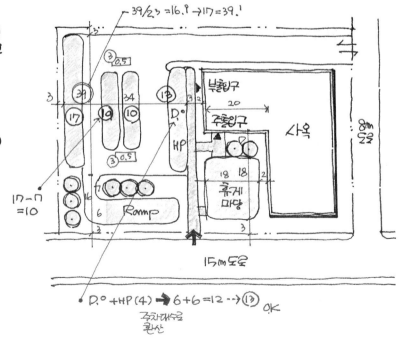

(4) 주차계획

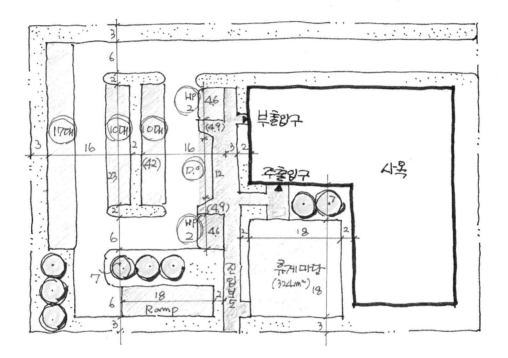

(5) 모범답안

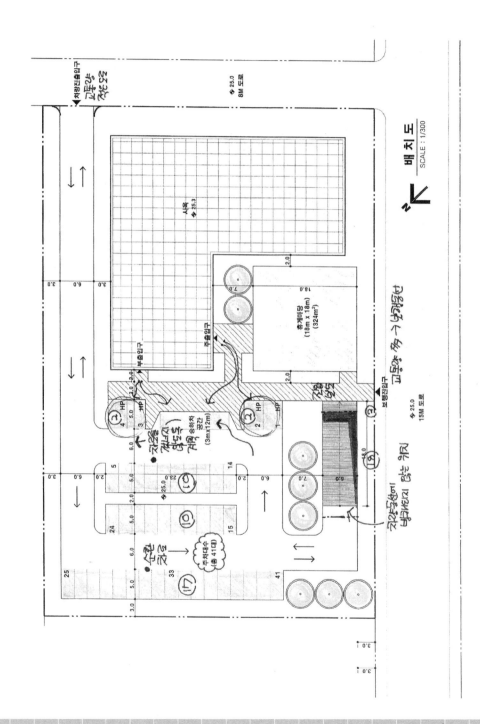

배치도
SCALE : 1/300

(6) 모범답안

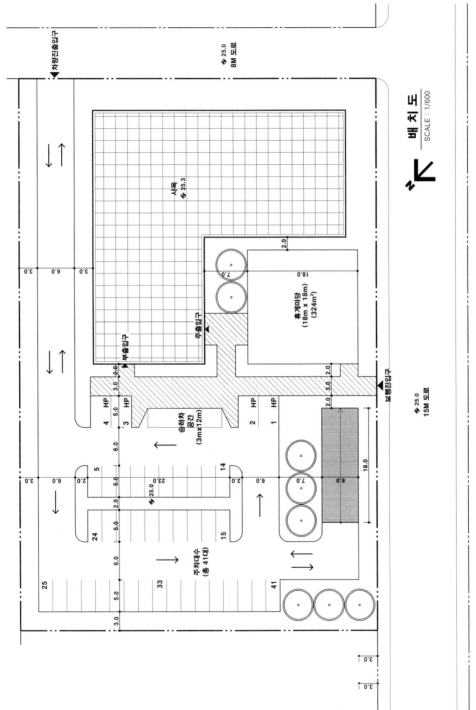

배 치 도
SCALE : 1/600

제5장

배치계획

① 개요

01. 출제기준

⊙ 과제개요

'배치계획'과제에서는 주어진 규모의 건물, 시설물 등을 계획대지 내에 적정 배치하게 하여, 배치 영향조건을 합리적으로 해석·종합하고 이를 일정한 규격의 도면(배치도)에 표현하는 능력을 측정한다.

⊙ 주요 배치 영향조건

① 대지 주변 자연환경 및 지역지구제 등 지역적 특성

② 방위, 대지면적, 대지경계선, 대지가 접하는 도로의 위치와 폭, 주출입구

③ 건축선 및 대지경계선으로부터 건축물의 거리

④ 대지 내외 기존 건물/시설물, 각 건물의 연계 기능

⑤ 동선 계획(사람, 물건, 차량) 및 주차계획

⑥ 건축물 외부 공간 계획 및 조경 계획(담장 계획 포함)

⑦ 공사용 가설건축물의 축조위치, 공사기간중의 도로점용범위

⑧ 옹벽, 우물, 급배수시설, 오수정화시설, 분뇨정화조, 쓰레기분리수거용기, 기타 부대시설 및 공공설비에 대한 계획 및 현황

이 기준은 건축사자격시험의 문제출제 및 선정위원에게는 출제의 중심 내용과 방향을 반영하도록 권고·유도하고, 응시자에게는 출제유형을 사전에 파악하게 하기 위한 것입니다. 그러나 문제출제 및 선정위원에게 이 기준의 취지를 문자 그대로 반영하도록 강제할 수 없으므로, 응시자는 이 점을 참고하여 시험에 대비하시기 바랍니다.

－건설교통부 건축기획팀(2006. 2)

02. 유형분석

1. 문제 출제유형(1)

✚ 제시조건을 고려한 도심지역 내 건물배치

계획대지가 도심지역에 위치한 경우, 계획대지를 둘러싼 도시 환경이 건물에 미치는 영향을 고려하여 건물을 배치하는 능력을 측정한다.

예1. 지역주민을 위한 문화센터를 계획하는 경우, 계획대지에 인접한 다른 건물이나 독특한 성격을 가진 외부 공간 등 주변의 입지적 조건을 고려하여 요구하는 시설을 배치한다.

예2. 계획대지가 여러 건물에 근접하여 있는 경우, 인접대지 내 건물의 조건과 면밀하게 관계를 맺는 별동을 증축하거나, 제시된 도로의 성격을 반영한 외부 공간을 고려하여 건물을 배치한다.

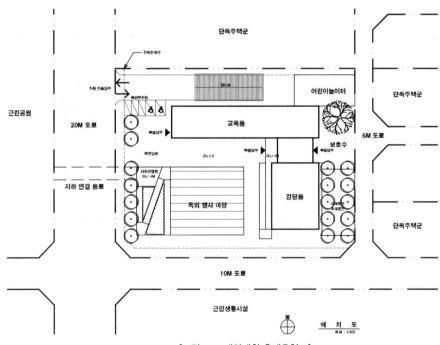

[그림 5-1 배치계획 출제유형 1]

2. 문제 출제유형(2)

✚ 자연환경을 고려한 교외지역 내 건물배치

대지의 내·외부에 존재하는 장애물이나 건폐율 등 평면을 제한하는 규정에 따라 건물을 배치할 수 있는 영역을 측정한다.

예1. 교외로 나들이 하러 나온 사람들이 주로 이용하는 음식점인 경우, 자연 지형의 경사를 이용하여 내·외부의 조망을 확보할 수 있도록 건축물 및 시설물을 배치한다. 이에는 옥외 공간 구성 및 동선 계획이 포함될 수 있다.

예2. 계획대지의 주변 성격이 특별하지는 않지만 면적이 충분히 넓어서 외부공간을 적극적으로 제시해야 하는 경우, 자연적 요소를 주제로 하여 건물을 배치한다.

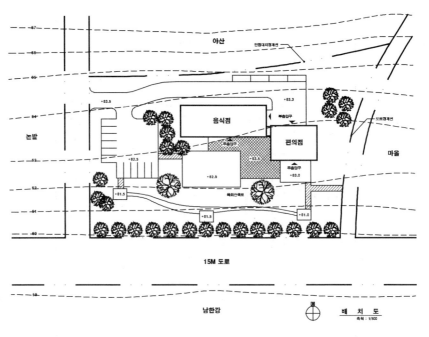

[그림 5-2 배치계획 출제유형 2]

3. 문제 출제유형(3)

✚ 자연환경, 대지 내 기존 건축물 등을 고려한 건물배치

계획대지 안에 위치한 자연환경 요소 또는 기존 시설물을 고려하여 필요한 시설을 배치하는 것이 중요한 조건이 된다.

예1. 계획대지 안에 강한 암반이나 보호수와 같은 자연환경에 맞추어 초등학교를 배치하는 경우, 기능·면적·향·소음원에서 이격하는 거리 등을 고려하여 교실동, 지원동, 체육관 등과 같은 필요한 시설을 배치한다.

예2. 계획대지 안의 기존 건물에 대하여 증축을 고려하거나 인접대지의 건물을 신축 또는 증축하고자 하는 경우, 이격거리·필요한 옥외 공간·요구되는 동선 및 주차 등 주어진 조건을 고려하여 필요한 시설을 배치한다.

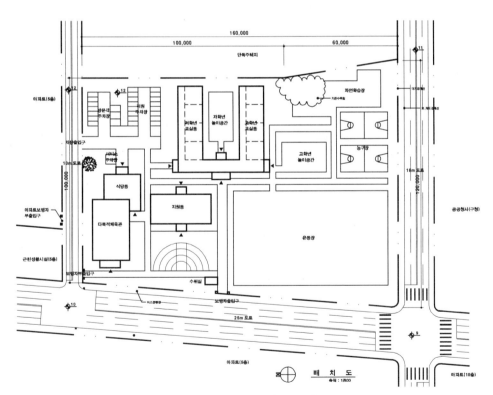

[그림 5-3 배치계획 출제유형 3]

4. 문제 출제유형(4)

✚ 철도, 도로 등 제약조건을 고려한 건물배치

계획대지 내외의 제약조건에 따라 여러 건물을 적절히 인접시키거나 이격하는 문제가 배치계획의 중요한 조건이 된다.

예1. 철도, 도로 등으로 둘러싸인 계획대지에 철도역사, 기념관, 여행안내소 등을 배치하는 경우, 여러 건물을 주어진 성격에 따라 적정하게 분리·연결하거나, 공유할 수 있는 부분을 발견하여 불필요한 공간이 생기지 않도록 주어진 기능을 배치한다.

예2. 제시된 건물 중 일부를 계획대지 안에 미리 배치하고, 면적 등 제시조건을 고려하여 이미 배치된 건물과 함께 다른 건물들을 적절하게 배치한다.

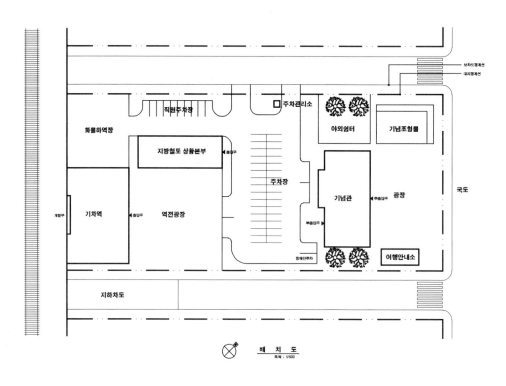

[그림 5-4 배치계획 출제유형 4]

01. 배치계획의 이해

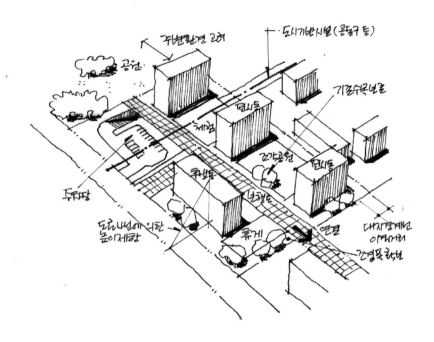

[그림 5-6 배치계획의 이해도]

1) 건축가능영역의 분석 및 적용

① 대지경계선 이격거리

② 일조 및 도로의 높이 제한에 의한 이격거리

③ 문화재 등의 보호를 위한 건축제한

④ 도시 기반시설(시공동구 등)에서의 이격거리

2) 대지 내 건축제한 사항

① 지형은 최대한 유지하여 계획한다.

② 기존의 수목은 가능한 한 보존하여 계획하며, 생장을 위한 영역을 확보한다.

③ 기존의 수공간은 최대한 보존하여 계획한다.

④ 기존 시설물(건축물, 시설물 등)을 최대한 고려하여 계획한다.

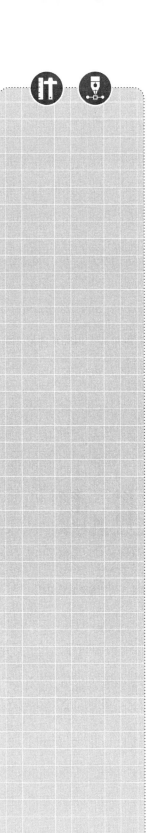

3) 배치계획 조건

① 시설물의 용도에 따른 각론 사항을 준수한다.

② 대지의 성격을 최대한 고려한 계획이 되도록 한다.

③ 설계조건에 충실하며 상위개념 위주의 계획이 되도록 한다.

④ 객관적 해석이 되도록 한다.

4) 대지 외부의 환경

① 도로의 성격을 파악하여 보행출입과 주차출입을 결정한다.

② 주변의 자연경관을 고려한 계획이 되도록 한다.

③ 주변의 도시기능과 연계되는 동선을 고려한다.

02. 대지현황 분석

1. 대지 외부 현황

(1) 방위

1) 건축물 계획

방위에 의한 일조 및 일사는 동간 이격거리 및 향 등의 건물계획 및 대지계획에 있어 매우 중요한 자연환경 요소이다.

① 건물 배치

- 에너지 절약을 고려하여 일조량을 많이 확보할 수 있도록 향을 고려하여 배치한다.
- 동서 장축의 배치가 양호한 환경을 만들어 낼 수 있다.
- 건물배치에서 태양에 의한 음영을 고려하여 계획한다.

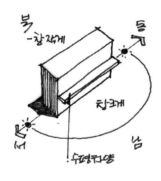

[그림 5-6 에너지절약 건물배치]

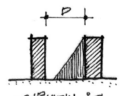

[그림 5-7 건축물 음영 고려]

② 창문 계획

- 일조량이 많은 쪽에 창문 크기를 크게 계획한다.
- 북쪽은 에너지 손실에 비해 일조량이 적으므로 창을 작게 내거나 배제한다.

● 향 고려 배치 예

- 공동주택
- 교사동(학교)
  - 초등학교 저학년 동은 동향 배치 가능

● 태양광 조절

• 남향 : 수평루버(처마)
• 동 · 서향 : 수직루버

● 법규고려

정북일조 이격 확인

③ 처마 계획(남향)

• 여름 태양을 차단하며 겨울태양은 적극 수용하기 위한 장치로 계획한다.

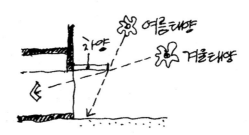

[그림 5-8 처마계획]

④ 계획대지가 전용주거지역 또는 일반주거지역에 해당하며 정북 인접대지가 전용주거지역 또는 일반주거지역에 해당할 경우 정북일조 적용을 검토한다. 인접대지 경계선으로부터 건축물 높이의 $\frac{1}{2}$의 거리를 이격하도록 한다.

2) 옥외공간계획

① 운동공간은 남북 장축으로 배치한다.

② 옥외공간에서 향을 고려하는 경우에는 일조, 채광이 양호한 위치에 계획한다. 건축물의 남측에 배치하는 것이 유리하다.

③ 야외공연장의 관람을 고려하여야 하는 경우 제시된 조건에 따라 무대와 객석의 위치를 결정한다.

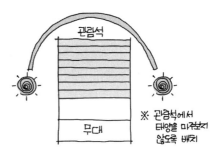

[그림 5-9 야외공연장 계획]

(2) 도로

1) 1면 도로에 접한 경우

대지가 1개의 도로에 접하였을 경우에도 보차분리 계획이 이루어져야 한다.

① 보행동선은 대지의 중앙부에서 출입하도록 한다.

② 차량동선은 보행출입과 인접하여 설치하거나 충분히 이격하여 설치한다.

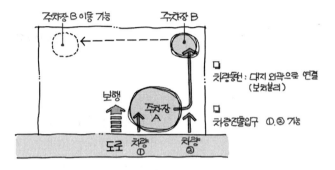

[그림 5-10 1개 도로에 접한 대지]

2) 2면 도로에 접한 경우

대지가 2개 도로에 접한 경우에는 도로 너비를 기준으로 주도로와 부도로로 구분한다. 주도로는 도로 너비가 넓은 도로이며 부도로는 도로 너비가 좁은 도로이다.

① 보행동선은 주도로 중앙부에서 출입한다.

② 차량동선은 부도로측에 계획하며 교차로에서 충분히 이격된 위치에서 출입한다.

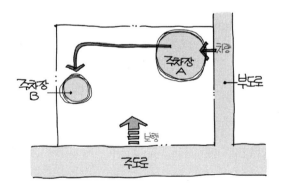

[그림 5-11 2개 도로에 접한 대지]

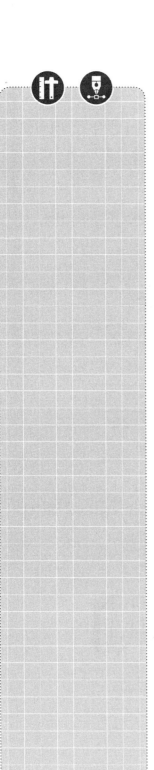

3) 3면 도로에 접한 경우

주도로와 부도로로 구분하되 교통량이 적은 도로가 명확지 않을 경우에는 차량
진출입구를 지정해 주거나 출입도로를 제시할 수 있다.

① 보행동선은 주도로 중앙부에서 출입한다.

② 차량동선은 부도로에서 출입하나 별도 지정조건이 있는지를 확인한다.

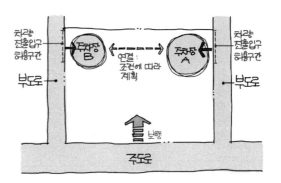

[그림 5-12 3개 도로의 접한 대지]

(3) 공원

대지와 인접하여 공원이 있는 경우 계획대지에서 조망을 하거나 동선이 연결될 수
있다.

① 특정 시설에서 조망을 요구할 수 있으며, 조망을 반영하는 시설물은 공원과 인
접하여 배치한다.

② 공원으로의 동선 연결은 보행동선의 연결을 고려하며 명확한 동선이 되도록 한
다.

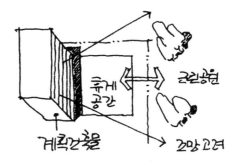

[그림 5-13 주변공원 고려]

●연결동선

－산책로
－탐방로

●도시미관

도시축을 고려하여 일정한 위치
에 배치

(4) 호수

대지와 인접하여 호수가 있는 경우 호수에 대한 조망 및 동선 연결을 고려할 수 있다.

① 호수에 대한 조망을 요구한 경우 해당 시설물은 호수와 인접하여 배치한다.

② 호수변 산책로, 탐방로 등과 연결을 요구할 수 있으며 보행동선은 차량동선과 분리하여 명확한 동선으로 계획한다.

③ 지형조정을 필요로 하는 경우 연결 동선도 적절한 경사도가 되어야 한다.

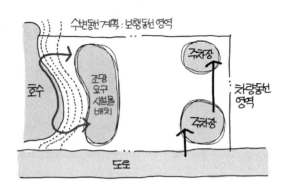

[그림 5-14 호수와 배치계획]

(5) 주변건축물

① 주변에 기존 건축물이 제시된 경우 도시축을 고려하여 계획대지의 건물위치를 기존건물축에 맞추어 계획할 수 있다.

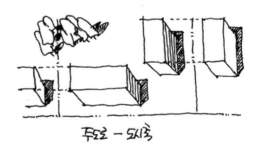

[그림 5-15 도시축 고려 배치]

② 주변 기존 건축물의 기능이 계획대지의 시설물(건축물, 옥외공간 등)과 연관성이 있을 경우 연계하여 계획하도록 한다.

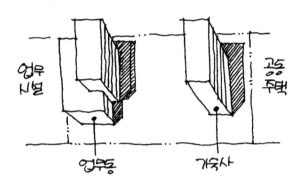

[그림 5-16 주변기능 고려 배치]

(6) 수목군

대지 주변의 수목군(보호수림대, 휴양림 등)은 계획대지의 가용영역을 제한하는 요소이며 배치계획시 수목군을 침범하지 않도록 하며 적절한 이격거리를 확보한다.

① 수목군에 대한 조망을 요구할 수 있다.

② 수목군내의 산책로 등과 연결을 고려할 수 있다.

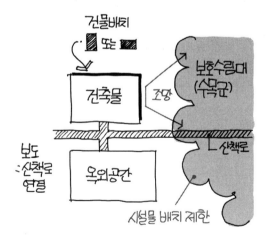

[그림 5-17 대지주변 수목군]

● 바람

① 조경계획
• 방풍림 : 북서풍 차단

[그림 5-19 방풍림계획]

• 활엽교목 : 남측면
• 에너지 절약 측면 고려

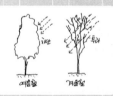

[그림 5-20 활엽수 특성]

② 배치계획
• 옥외공간의 보호
• 건물배치 활용

[그림 5-21 방풍 계획]

(7) 소음

① 자연의 소리는 긍정적인 감성을 불러 일으키며 평안함을 느끼게 한다.

② 인공적인 음향은 대체로 귀에 거슬리고 짜증나게 하며 소음으로 간주한다.

③ 음향의 크기는 음원으로부터 거리의 제곱에 비례하여 감소한다. 음원으로부터의 거리가 두 배가 되면, 음향의 크기는 4분의 1로 감소된다.

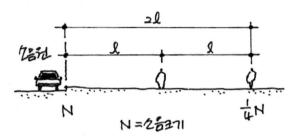

[그림 5-18 소음과 거리 관계]

④ 소음의 대비책
• 음원의 상태에서 소음을 조절한다.
• 옥내 또는 옥외활동영역을 소음원으로부터 멀리 이격시킨다.
• 물, 방음벽, 수목 등에 의한 소음 차단을 고려한다.
• 물 소리나 음악 소리를 이용한 소음 상쇄효과를 이용한다.
• 건물에 차음재를 이용하여 소음으로부터 보호한다.

(8) 바람

① 바람은 지표면의 온도와 건물 표면 온도를 변화시키고 틈새바람과 통풍을 유도하여 건물의 에너지 소비에 큰 영향을 미친다.

② 바람은 냉방기간 중에는 긍정적인 요소로서, 난방기간 중에는 부정적인 요소로서 작용하는 상반된 작용을 한다.

③ 풍향과 풍속은 특히, 대지의 지형적 조건에 큰 영향을 받으므로 미세기후에 대한 세심한 검토를 통해서 대지의 주풍향을 확인한 후, 배치계획 및 개구부 계획시 여름철에는 주풍향으로 크게 개방하여 자연 냉방효과를 높이고, 겨울철에는 주풍향을 가능한 차단하여 틈새 바람에 의한 열손실을 방지하도록 한다.

④ 대지내 수목이나 인공구조물은 바람의 흐름을 막아주거나 변경시켜 주며, 나무에 의한 바람 차단효과가 있다.

⑤ 바람에 대하여 가장 효과적인 대지는 남면으로 향한 경사지이며, 여기에 수목이나 인공 구조물을 조합하여 설치하면 더욱 좋은 차폐물이 된다.

⑥ 바람의 형태는 대지의 형상에 따라서도 변화하는데, 언덕이나 계곡 및 삼림 등의 자연 및 인공구조물에 의하여 대지의 바람에 대한 노출의 강도와 빈도를 결정하는 것이 중요하다.

⑦ 다음 그림은 수목에 의한 바람의 형태 변화를 나타낸다.

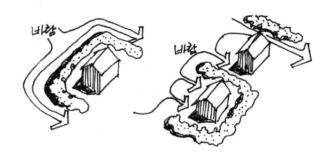

[그림 5-22 바람을 고려한 계획]

⑧ 아래 그림은 건물의 연속적인 배치에 따른 바람의 영향을 나타내는 그림으로 (가)는 바람의 영향을 최소화할 수 있는 배치이고, (나)는 바람의 영향을 극대화할 수 있는 계획이다.

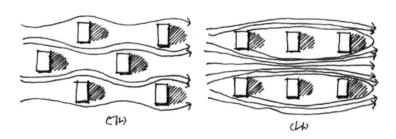

[그림 5-23 바람의 흐름]

2. 대지 내부 현황

(1) 지형

대지내 경사도를 분석하여 건축물 및 옥외공간 등의 위치를 파악한다. 가능한 성·절토의 발생이 적게 일어날 수 있도록 건축물의 위치를 결정한다. 또한, 경사진 지형에서는 건축물의 출입이 입체적으로 분리될 수 있으므로 이때는 경사진 위치를 활용하여 건축물을 배치한다.

① 완만한 지형 : 건축지반, 옥외공간

② 급한 지형 : 1, 2층 전후면 출입 건축물, 적층식 건축물, 테라스 하우스

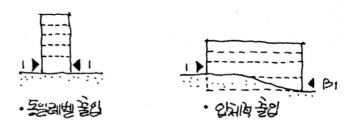

[그림 5-24 지형과 건물투입]

(2) 건축물

대지내 제시된 기존 건축물은 증축 및 리노베이션 등을 검토할 수 있다.

① 증축 : 수평증축 또는 수직증축을 검토한다.

② 리노베이션 : 내부평면을 제시된 조건에 적합하도록 새롭게 구성한다.

③ 기능연결 : 기존 건축물과 신축 건축물의 동선 연결을 요구할 수 있으며 연결 층을 확인한다.

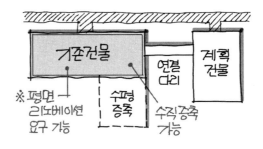

[그림 5-25 기존건축물]

(3) 구조물

폐철도 교각 등과 같은 대지내 구조물은 시설물 배치를 제한하며 제시된 조건에 의해 활용 여부를 파악하여 반영한다.

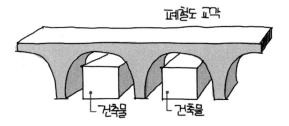

[그림 5-26 대지내 구조물]

(4) 수목

1) 단독수목

① 수목의 보호는 수목의 영역을 침범하지 않는다.

② 옥외시설의 용도에 따라 수목을 포함하여 계획할 수 있다.

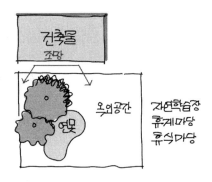

[그림 5-27 대지내 수목]

2) 수목군

대지 내 수목군의 제시는 대지영역의 분리이며 대지의 성격에 따라 적절한
시설물을 배치한다.

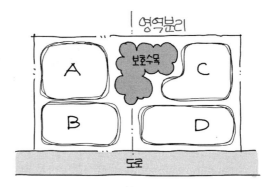

[그림 5-28 대지 내 수목]

(5) 실개천

대지의 영역을 분리하여 대지의 성격에 따라 적절한 시설물을 배치한다.

① 두 영역은 다리 등으로 동선을 연결하도록 한다.

② 주도로에 많이 접한 영역을 주영역으로 본다.

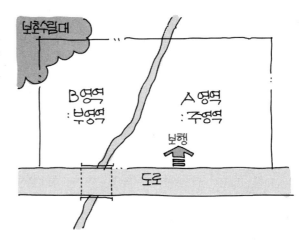

[그림 5-29 대지 내 실개천]

(6) 연못

대지 내 연못은 보호대상이며 시설물이 침범하지 않도록 한다. 자연학습장, 휴게마
당은 연못을 포함하여 계획할 수 있지만 제시조건을 고려하여 결정한다.

(7) 암반

지표면에 노출된 암반의 영역에는 건축물 및 옥외공간을 배치할 수 없다. 지반 아
래에 매립되어 있는 암반의 경우는 건축물은 배치할 수 없으나 옥외공간의 배치는
가능하다.

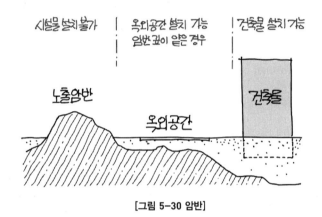

[그림 5-30 암반]

(8) 공동구

공동구의 유지, 관리를 위하여 공동부 상부에 건축물 배치는 부적절하다. 옥외공간
의 하부 공동구는 유지관리가 가능하다.

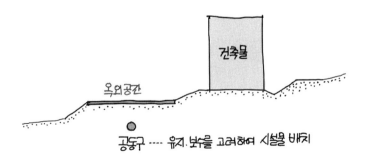

[그림 5-31 공동구]

(9) 습지

습지에는 건축물 설치는 부적절하며 옥외시설물 중 생태공간의 설치는 가능하다.

(10) 토질(지질)

① 지내력

- 암석은 가장 좋은 지내력을 확보할 수 있다.
- 점토, 실트질 토양은 건축물을 지지하기에 무난한 지내력을 확보한다.
- 유기토양, 부드럽고 성긴 토양은 건물을 지지하는 데 부적합하다.
- 지내력 향상 방법은 철재, 목재, 콘크리트 말뚝을 이용하는 방법이 있으며 구멍을 뚫은 후 콘크리트 채워넣기, 지반개량 등의 방법이 있다.

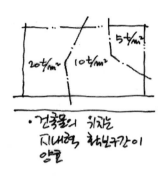

[그림 5-32 지내력]

② 수축과 팽창

- 토양 내에 함유된 수분은 동결하여 부피가 늘어나는 팽창과 그 반대의 수축작용을 유발한다.
- 토양의 수축 및 팽창 현상은 건축물의 구조적 결합을 일으키기 쉬우므로 건물 기초 계획시 동결선 아래에 위치시키도록 한다.

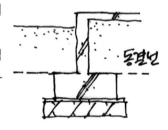

[그림 5-33 수축과 팽창]

● 수축과 팽창

동결선을 고려하여 기초의 깊이를 결정한다.

03. 배치계획

1. 배치계획의 기본원칙

● 원칙의 적용

기본원칙을 적용하되 설계지문을 우선 반영하여야 한다. 또한 기본원칙은 설계 체크리스트가 될 수 있으므로 내용 이해가 중요하다.

1) 대지의 특성 분석 및 적용

① 대지분석 및 대지조닝에 의한 건축가능영역과 옥외공간의 계획범위를 분석한다.

② 대지경계선 및 시설물 주변에 요구된 조경공간의 소요폭 확보를 검토한다.

③ 대지의 지질과 토지이용성 및 경사도를 분석한다.

④ 지역지구에 의한 법규 적용을 검토한다.

2) 주변환경의 분석

① 교통 체계(도로, 보행로 등의 조건)를 분석한다.

② 공원 등의 연계조건을 파악한다.

③ 조망 등의 시지각 환경에 대한 대응을 검토한다.

④ 도로 및 주변시설물로부터의 소음에 대한 대책을 강구한다.

⑤ 프라이버시를 보호해야 하는 조치에 대한 대책을 분석한다.

3) 시설물의 기능 분석

① 시설물은 각론에 따른 배치를 고려한다.

② 지문에서 주어진 각론과 다르게 해석되는 특수 조건을 반영하고 계획한다.

③ 시설물간의 인접 및 차단에 대한 대책을 반영한다.

④ 시설물 배치시 일조 및 음영에 의한 이격조건을 정확하게 반영한다.

⑤ 건축물 연결시 다리 및 경사로 등의 입체적 조건을 답안에 정확하게 표현한다.

⑥ 대지 지형의 레벨 차이에 의한 시설물의 접근을 고려한다.

⑦ 건축물의 출입이 입체적으로 고려되야 하는 경우 지형을 고려한 적절한 위치에 계획한다.

⑧ 대지 내외부의 주변환경에 적절한 기능을 고려하여 시설물을 배치한다.

⑨ 시설물 간의 조망에 대한 요구조건이 주어질 경우 평면적 또는 입체적으로 해결안을 반영한다.

⑩ 시설물의 기능은 순차적인 동선에 의해 배치한다.

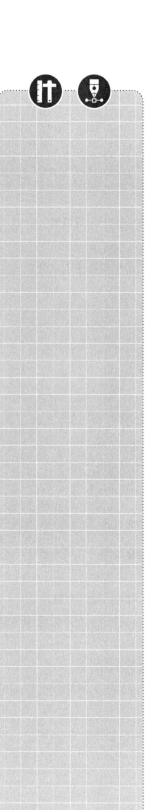

4) 옥외공간의 기능 분석

① 옥외공간은 요구조건에 따른 적절한 크기로 계획한다.

② 중앙광장은 대지 내 시설물 간의 매개공간의 역할을 하도록 구성한다.

③ 옥외공간의 성격에 따라 수목의 포함 여부를 판단하여 계획한다.

④ 음영에 의한 제한사항을 요구할 경우 적합하게 반영한다.

⑤ 시설물과 주차장은 상호 적절한 연계가 되도록 계획한다.

5) 보행 및 차량동선의 계획

① 보·차 분리를 명확히 하도록 한다.

② 주도로에서 주출입 보행자를 위한 보행동선을 계획한다.

③ 교차로에서 적정 이격된 부도로에서 차량동선을 계획한다.

④ 대지로의 출입동선에 대한 특수 요구조건이 있을 경우 이를 반영한다.

⑤ 주접근로의 동선은 위치 및 폭 등에 대하여 대지조건과 요구조건을 반영한다.

6) 식재계획

① 활엽교목은 남동 측에 식재하여 여름철 냉방부하를 줄이는 에너지 절약적 식재계획이 되도록 한다.

② 상록교목은 북서 측에 식재하여 겨울철 난방부하를 줄이는 에너지 절약적 식재계획이 되도록 한다.

③ 경관수목은 조망을 고려하여 배치되도록 한다.

④ 관목은 공간의 분할을 반영한 조경식재에 유효하다.

⑤ 상록교목은 프라이버시를 보호하는 식재로 유효하다.

⑥ 기존의 식재 및 수공간은 보호하도록 한다.

7) 배치계획

① 에너지 절약에 따른 방위축을 고려한 배치계획이 되도록 한다.

② 친환경을 고려한 시설물 배치를 고려한다.

③ 기능적 관계를 명쾌하게 반영한 배치계획이 되도록 한다.

④ 이용자들의 이동성, 사용성 등이 고려된 배치계획을 고려한다.

● 기능계획

조건>각론>상식

2. 기능 및 동선계획

(1) 기능계획

시설물의 배치는 기능을 충족하여야하며 제시된 조건을 최대한 반영하여 계획한다. 제시되지 않은 사항은 계획각론을 기준으로 배치하도록 한다.

1) 기능도

제시된 조건 및 각론을 기준으로 기능도를 작성하여 배치계획의 방향을 설정한다. 기능도 관계는 다음 기호를 참조한다.

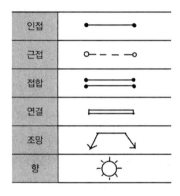

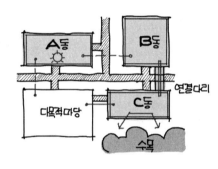

[그림 5-34 기능계획]

2) 건축물 용도

① 정적인 건축물과 동적인 건축물을 구분하여 대지의 적절한 위치에 배치한다. 정적인 건축물은 통행이 적은 대지 안쪽에 배치하고, 동적인 건축물은 동선량이 많은 기존 도로와 인접하거나 대지출입구에서 가까운 위치에 배치한다.

② 공적인 건축물과 사적인 건축물의 영역을 구분하여 계획한다. 사적인 영역은 대지 안쪽 프라이버시 확보에 유리한 위치에 배치하고 공적인 영역은 접근성이 고려될 수 있는 대지출입구 근처에 배치한다.

3) 옥외공간

건축물의 용도에 따라 부속되는 옥외공간은 해당 건축물과 동일 영역내에 인접하여 배치한다. 제시조건이 없을 경우에는 옥외공간의 용어에서 연관성을 파악하여 배치하도록 한다. 명확하지 않은 용도의 옥외공간은 반드시 조건이 주어진다.

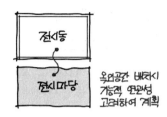

[그림 5-35 건축물과 옥외공간]

(2) 동선계획

1) 보 · 차분리 계획

① 도로와 대지의 관계를 분석하여 대지 내 주출입동선과 부출입동선을 계획하며, 차량에 의한 접근동선을 계획한다. 이때 차량통행이 적은 도로에서 차량의 진출입동선을 고려하며 동선의 이동량이 많은 도로에서는 보행을 위한 주출입동선을 고려하여 보 · 차분리가 되도록 한다.

② 도로가 일면도로일 경우에도 보차 분리에 의한 출입동선을 계획하며 대지 내에서의 동선 역시 특수한 경우를 제외하고는 보행동선과 차량동선은 반드시 분리되도록 한다.

③ 차량동선은 시설물의 용도에 따라 결정되어야 하나 일반 이용객 차량과 서비스 차량의 동선을 구분하는 것이 바람직하다.

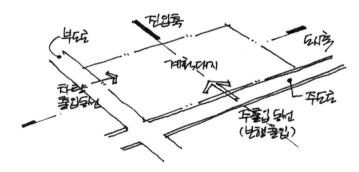

[그림 5-36 대지와 출입동선]

④ 동선계획은 시설물 배치와 긴밀한 연관성을 갖고 있으며 상징적인 축에 의하여 의도적인 기능성과 방향성을 나타내기도 한다. 최대한 명쾌한 동선축이 되도록 한다.

⑤ 공원 및 녹도 등과 같은 주변 시설물과 계획대지를 연결하는 동선을 고려할 때는 연결 지점의 위치나 폭 및 연결 시설물 등을 고려하여 계획한다.

⑥ 동선은 선적인 형태이며 동선을 구성하는 보도 또는 도로의 폭은 건물 및 시설물의 규모에 적정한 크기가 되어야 하며 동선을 구성하는 패턴, 재질, 질감, 색채 등에 의해서 조절될 수 있다.

⑦ 동선은 통행량에 따라 그 규모를 달리하며 동선을 구성하는 보도 또는 도로의 형태 및 재질, 색채, 질감 등에 의해서 여러 느낌을 전달하며 공간을 분할하기도 하고 연결하기도 한다.

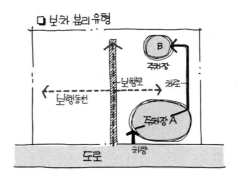

[그림 5-37 보 · 차 분리 계획]

2) 보 · 차 통합 계획

① 보행자 도로와 차량도로가 하나의 도로로 구성되어 대지출입구로부터 대지내부로 연결되며 주차장까지 동선이 연결된다.

② 주로 1면도로에 접한 대지에서 요구되는 동선계획이나 2면이상 접한 대지에서 요구되기도 한다. 이때 1개의 도로에서는 동선을 계획하지 않는 경우가 있다.

③ 보 · 차 통합도로가 주차장까지 연결된 후에는 주차장에서 시설물까지 보행동선이 연결된다.

④ 보 · 차 통합도로에서 각 시설물로 연결동선을 고려할 수 있다. 이때, 보행로 또는 보 · 차 혼용도로로 연결한다.

⑤ 보 · 차 통합 도로의 대지출입구는 일반적으로 대지 중앙부에 계획한다.

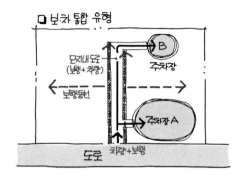

[그림 5-38 보·차 통합 계획]

3) 경사로 계획

① 장애인 등의 통행이 가능한 보도 및 접근로

• 유효폭 및 활동공간

– 휠체어 사용자가 통행할 수 있도록 보도 또는 접근로의 유효폭은 1.2m 이상으로 하여야 한다.

– 휠체어 사용자가 다른 휠체어 또는 유모차 등과 교행할 수 있도록 50m마다 1.5m×1.5m이상의 교행구역(평지에서도)을 설치할 수 있다.

– 경사진 접근로가 연속될 경우에는 휠체어 사용자가 휴식을 할 수 있도록 30m마다 1.5m×1.5m 이상의 수평면으로 된 참을 설치할 수 있다.

• 기울기

접근로의 기울기는 1/18이하로 하여야 한다. 다만, 지형상 곤란한 경우에는 1/12까지 완화할 수 있다.

• 경계

– 접근로와 차도의 경계부분에는 연석·울타리, 기타 차도와 분리할 수 있는 공작물을 설치하여야 한다. 다만, 차도와 구별하기 위한 공작물을 설치하기 곤란한 경우에는 시각장애인이 감지 할 수 있도록 바닥재의 질감을 달리하여야 한다.

– 연석의 높이는 6cm 이상 15cm이하로 할 수 있으며, 색상과 질감은 접근로의 바닥재와 다르게 설치 할 수 있다.

• 재질과 마감

– 보도 등의 바닥표면은 장애인 등이 넘어지지 아니하도록 잘 미끄러지지 아니하는 재질로 평탄하게 마감하여야 한다.

- 블록 등으로 접근로를 포장하는 경우에는 이음새의 틈이 벌어지지 아니하도록 하고, 면이 평탄하게 시공하여야 한다.
- 장애인 등이 빠질 위험이 있는 곳에는 덮개를 설치하되, 그 표면은 접근로와 동일한 높이가 되도록하고 덮개에 격자구멍 또는 틈새가 있는 경우에는 그 간격이 2cm이하가 되도록 하여야 한다.
- 보행 장애물
  - 접근로에 가로등·전주·간판 등을 설치하는 경우에는 장애인 등의 통행에 지장을 주지 아니하도록 설치하여야 한다.
  - 가로수는 지면에서 2.1m 까지 가지치기를 하여야 한다.

② 높이차이가 제거된 건축물 출입구
- 턱낮추기
  - 건축물의 주출입구와 통로의 높이차이는 2센티미터 이하가 되도록 설치하여야 한다.
- 휠체어리프트 또는 경사로 설치
  - 체어리프트 및 경사로에 관한 세부기준은 제11호 및 제22호의 휠체어리프트 및 경사로에 관한 규정을 각각 적용한다.

③ 경사로
- 유효폭 및 활동공간
  - 경사로의 유효폭은 1.2m 이상으로 하여야 한다. 다만, 건축물을 증축·개축·재축·이전·대수선 또는 용도변경하는 경우로서 1.2m 이상의 유효폭을 확보하기 곤란한 때에는 0.9m까지 완화할 수 있다.
  - 바닥면으로부터 높이 0.75m 이내마다 휴식을 할 수 있도록 수평면으로 된 참을 설치 하여야 한다.
  - 경사로의 시작과 끝, 굴절부분 및 참에는 1.5m×1.5m이상의 활동공간을 확보하여야 한다. 다만, 경사로가 직선인 경우에 참의 활동공간의 폭은 경사로의 유효폭과 같게 할 수 있다.
- 기울기
  - 경사로의 기울기는 12분의 1이하로 하여야 한다.
  - 다음의 요건을 충족하는 경우에는 경사로의 기울기를 8분의1까지 완화할 수 있다.
    ○신축이 아닌 기존시설에 설치되는 경사로일 것
    ○높이가 1미터 이하인 경사로로서 시설의 구조 등의 이유로 기울기를 12분의 1이하로 설치하기가 어려울 것
    ○시설관리자 등으로부터 상시보조서비스가 제공될 것

- 손잡이
  - 경사로의 길이가 1.8m이상이거나 높이가 0.15m 이상인 경우에는 양측 면에 손잡이를 연속하여 설치하여야 한다.
  - 손잡이를 설치하는 경우에는 경사로의 시작과 끝부분에 수평손잡이를 0.3미터 이내로 설치할 수 있다.
  - 손잡이에 관한 기타 세부기준은 복도의 손잡이에 관한 규정을 적용한다.
- 재질과 마감
  - 경사로의 바닥 표면은 잘 미끄러지지 아니하는 재질로 평탄하게 마감하여야 한다.
  - 양측면에는 휠체어의 바퀴가 경사로 밖으로 미끄러져 나가지 아니하도록 5cm 이상의 추락방지턱 또는 측벽을 설치 할 수 있다.
  - 휠체어의 벽면 충돌에 따른 충격을 완화하기 위하여 벽에 매트를 부착 할 수 있다.
- 기타 시설
  건물과 연결된 경사로를 외부에 설치하는 경우 햇볕, 눈, 비 등을 가릴 수 있도록 지붕과 차양을 설치할 수 있다.

3. 배치세부계획

(1) 이격거리 계획

1) 대지경계선 이격

● 이격거리계획

배치가능영역 계획

대지경계선 또는 수목에 의해 대지가 구획되는 경우 도로경계선 인접대지경계선 및 수목군에서 이격거리가 지정되며 이를 만족한 배치가 되도록 한다.

주변 호수, 하천 등의 경우에는 이격거리가 제시되면 반영하도록 한다.

● 이격거리 별도 지정

– 도로경계선과 인접대지경계선 이격거리를 별도로 요구할 수 있다.
– 건축물과 옥외시설물을 달리 지정할 수 있다.

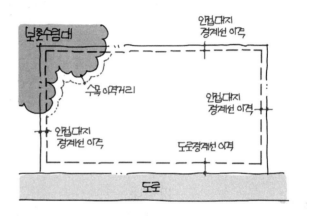

[그림 5-39 이격거리 계획]

2) 건축물 높이에 의한 이격

정북일조 및 공동주택 채광방향으로 건축물 높이의 $\frac{1}{2}$의 이격거리를 확보하여야 하며, 이격거리에 따른 배치영역이 결정될 수 있으므로 정확히 파악하여 반영하도록 한다.

3) 건축지정선

● 대지구획

법적 도로폭을 충족하도록 대지 구획정리

대지경계선 이격거리 외에 특정도로변에 건축지정선 또는 벽면지정선 등이 제시될 수 있으므로 이를 확인하여 계획하도록 한다.

(2) 건축물 계획

1) 규모계획

① 건축물의 규모가 제시된 경우는 가로, 세로의 방향을 조정하여 제시조건에 맞게 배치하도록 한다.

② 면적으로 제시된 경우에는 층수와 건축물 폭으로 나누어 길이를 산정하여 배치하도록 한다.

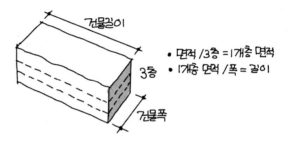

[그림 5-39 건축물 규모 산정]

2) 형태

건축물의 형태가 사각형이 아닌 경우 범례로 제시되며 회전시켜 배치할 수 있다.

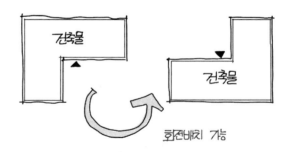

[그림 5-40 건축물 형태 및 배치]

● 건축물 필로티

- 차량동선 : 인접대지 경계선 쪽에 설치된 경우
- 보행동선 : 대지내부에 설치된 경우

3) 출입구

① 하나의 건축물에 출입구의 레벨차가 주어졌을 경우 경사대지를 활용하여 배치
하도록 한다.

　－건축물의 전·후면 출입구를 다른층으로 접근할 경우

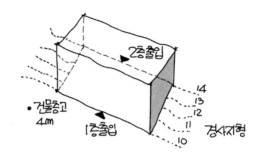

[그림 5-41 출입구와 경사지형]

② 출입구의 용도가 제시되었을 경우 해당 용도에 적절하게 건축물 및 옥외공
간을 배치한다.

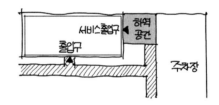

[그림 5-42 출입구와 시설물 배치]

4) 기능고려

건축물의 연관성 및 기능적 특성들을 파악하여 인접배치 여부를 판단하며, 주변의
흐름, 향 등에 의한 배치를 결정한다.

① 건축물의 기능

계획대지 내에 배치하여야 할 건축물의
기능을 분석하여 인접배치 또는 분리배
치를 결정한다. 유사한 기능의 경우라면
인접배치하여 상호 연결을 고려하고 이
질적 기능의 경우라면 분리배치하여 각
기능의 특성을 보호한다.

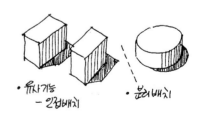

[그림 5-43 건물기능계획]

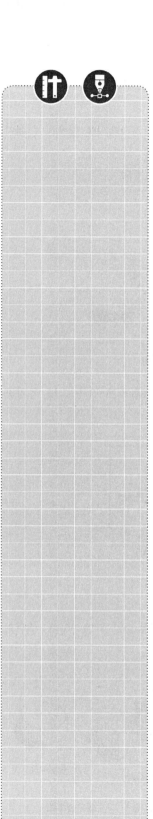

② 주변환경에 의한 기능 고려

　대지 주변 건축물 또는 환경(방위, 공원, 도로, 하천, 산림 등)을 분석하여 건축물의 배치에 영향을 미치는 요소를 파악하고 적절히 대응할 수 있도록 한다.

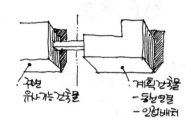

[그림 5-44 건물연계계획]

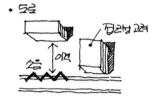

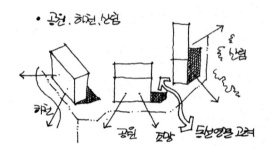

[그림 5-45 주변환경 고려]

● **연관성**

건축물과 옥외공간은 서로 연관
성을 고려하여 배치한다.

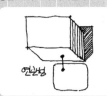

[그림 5-47 연관 고려]

● **동간거리**

– 지정   – 태양고도
– 임의   – 법규(공동주택)

● **법령기준**

동간거리는 높이의 1/2만큼 이
격되어야 한다.
〈참조〉
채광방향 인접대지 이격 : H/2

③ 건축물 기능과 옥외공간

건축물과 옥외공간의 기능적 연결을 고려하여 배치하며, 여러 가능한 조합을
검토하여 본다.

건축물의 형태를 활용하여 배치되는 경우도 있으며, 건축물과 옥외 공간의
동선에 의해 배치되는 경우도 있다. 따라서, 설계 조건에 부합되고 건축물과
옥외 공간의 기능을 충족할 수 있도록 배치한다.

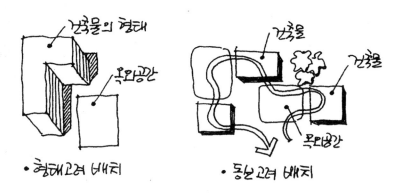

[그림 5-46 건축물과 옥외공간]

5) 동간거리 계획

건축물 상호 간에는 적절한 이격거리를 확보하여 각 기능의 프라이버시 보호 및
공간 환경을 보호하도록 한다.

① 공동주택

공동주택은 동간거리를 법규로 정하고 있으므로 당해 법령의 범위 내에서 이
격거리를 확보하여야 한다. 공동주택에서 동간거리를 지정하는 것은 채광의
확보와 환기의 고려, 대지 내 환경의 보호 등의 목적이 있다.

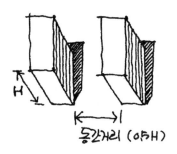

[그림 5-48 공동주택 동간거리]

② 일반건축물

　　법규로 정하여진 것이 없다고 하더라도 건축물 상호간은 프라이버시 확보, 동선, 환경 등을 고려하여 배치하도록 한다. 단, 옥외 공간의 구성에 따라 위치의 변화를 고려한다.

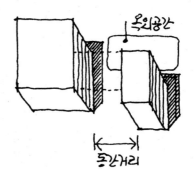

[그림 5-49 일반건축물 동간거리]

(3) 옥외공간 계획

1) 규모

① 크기가 지정된 경우는 해당 규모의 옥외공간을 배치하도록 하되, 가로, 세로의 방향은 조정 가능하다.

② 면적으로 제시된 경우에는 사각형의 형태로 계획하며, 최소폭 지정에 따라 길이를 산정할 수 있다. 최소폭이 지정되지 않은 경우에는 주변 시설물 배치 후 가능한 폭으로 계획하도록 한다.

2) 형태

별도의 지정조건이 없는 경우에는 사각형의 형태로 계획하며, 임의로 지정한 경우 대지 형태에 적합하게 계획한다.

3) 기능

① 일반적 옥외공간의 기능은 시설명에서 파악할 수 있다. 공개공지는 도로변에 배치된 개방된 공간이며 위치는 제시된 조건을 반영하여 결정한다. 전시마당, 체험마당, 독서마당 등 시설물의 명칭에서 기능을 언급하고 있으므로 연관 건축물과 인접하여 배치하도록 한다.

② 휴게공간(휴게마당), 휴식마당, 자연학습장 등은 대지내에 수목이나 연못을 포함하여 계획할 수 있으며, 휴게공간, 휴식마당 등은 특정시설에 구속되지 않으므로 배치 위치가 제시될 수 있다.

③ 운동공간(운동장)은 남북장축으로 배치하고 옥외공연장의 관람석은 태양을 마주보지 않도록 계획한다.

④ 진입마당은 대지의 진입마당과 건축물의 진입마당을 구분한다.
별도의 언급이 없을 경우에는 대지의 진입마당으로 계획한다.

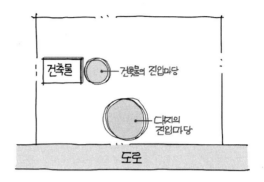

[그림 5-50 진입마당의 구분]

(3) 주차장 계획

배치계획에서 주차장의 위치는 중요하다. 주차장과 인접하거나 연결되어야 하는 시설을 파악하여 영역을 결정할 수 있기 때문이다.

1) 보·차분리 계획에서 주차장

보·차분리 계획에서 규모가 크고 공적인 주차장은 입구와 인접하여 배치하고 규모가 작고 특정시설용 주차장은 대지 안쪽에 배치한다. 이때, 보·차 분리를 위하여 차량동선은 인접대지 경계선을 따라 연결한다.

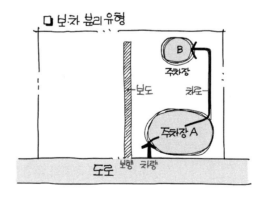

[그림 5-51 보·차 분리유형에서 주차계획]

● 주차장 계획

주차계획의 이론내용 고려하여 계획

2) 보·차 통합계획에서의 주차장

보·차 통합계획에서 대지중앙부로 대지내 도로가 연결되며 대지 진출입구와 인접하여 큰 규모의 주차장을 계획한다. 특정 기능과 인접하여야 하는 작은 주차장은 대지 안쪽에 배치한다.

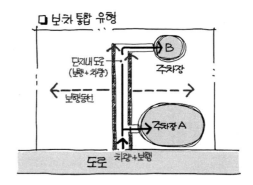

[그림 5-52 보·차 통합유형에서의 주차계획]

3) 주차장 계획

① 가급적 직각 주차 방식으로 계획하며, 장애인 주차는 차도를 건너지 않도록 보도와 인접하여 계획한다.

② 승하차장의 요구시에는 순환동선이 될 수 있는 주차장을 계획하여야 한다.

③ 하역공간이 필요한 경우 주차장에서 연결하거나 대지내 차도에서 연결되도록 한다.

④ 주차장은 일반주차장, 직원주차장, 서비스주차장 등 용도에 따라 구분하여 계획할 수 있다.

(5) 기능계획

① 인접 및 근접을 고려하여 큰 영역을 계획한다.

② 조망을 고려하여 영역의 위치를 파악한다.

③ 동선 연결을 반영하여 동선축에 의한 영역을 분리한다.

④ 건축물 상호간 연결다리를 요구한 경우 인접하여 계획한다.

⑤ 인지성은 대상의 전체가 잘 보이도록 배치한다.

⑥ 접근성은 대지의 주출입구에서 가깝게 배치하거나, 특정 시설과의 접근성은 인접하여 배치하도록 한다.

04. 조경계획

1. 식생의 특성

① 산림은 일사량의 90%를 흡수하여 지표면에 직접 내리쬐는 일사와 지표면으로부터 복사열을 조절한다.

② 표면재료는 식생으로 덮인 지표면보다 더 빨리 열을 흡수하고 전달한다.

③ 풍속의 10% 정도를 감속시킨다.

④ 지표면에 닿는 강우의 양을 조절한다.

⑤ 넓은 오픈스페이스와 가로에 있어서 식생, 특히 교목에 의해 일사가 가장 효율적으로 조절된다.

⑥ 수직 벽면의 덩굴성 식물은 여름철 가로의 온도를 약 5℃ 정도 감소시키며 겨울철 열손실을 30% 정도까지 감소시킨다.

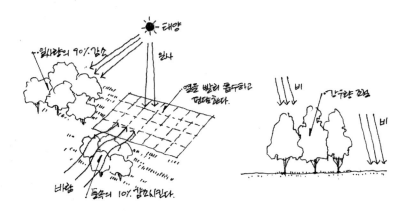

[그림 5-53 식생의 특성]

2. 규격에 의한 분류

(1) 상층목(교목)

상층목은 대개 수관(樹冠)을 형성하는 키가 큰 녹음수, 산림에 자라는 수종 등이며, 단독으로 또는 여러 나무가 어우러져 높은 지하고를 만드는 나무들이다.

[그림 5-54 상층목]

(2) 중층목(교목)

① 중층목은 거의 지면으로부터 적어도 눈높이까지 잎이 달리는, 키가 작은 편에 속하는 활엽수종과 침엽수종들이다.

② 중층목은 교목 아래에 또는 별도로 식재하여 차폐, 배경 구성, 흥미로운 경관 조성 기능을 발휘하게 한다.

[그림 5-55 중층목]

(3) 관목

① 관목은 키가 작고, 지면에서 또는 거의 지면에 가까운 부위에서 가지가 여러 개 뻗은 다년생 수목을 말한다.

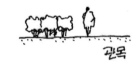

[그림 5-56 관목]

② 관목은 보조적인 낮은 차폐녹지를 만들고자 하는 곳에 사용하거나, 아름다운 형태, 잎, 꽃, 열매 등을 보고자 할 때 사용한다.

③ 관목은 자연스러운 산울타리 또는 전정(剪定)한 산울타리 조성용으로 사용한다.

(4) 지피식물

① 식물 재료는 목본류로부터 조본류, 낙엽수로부터 상록수, 다즙(多汁)식물로부터 포아풀과에 이르기까지 다종 다양하다.

② 다음 기능을 탁월하게 충족시킬 수 있는 지피식물을 선택한다.

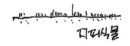

[그림 5-57 지피식물]

• 침식 방지, 토양 수분 유지, 자연스러운 전경(前頸) 조성, 좋은 잔디밭, 놀이터 제공 및 유지관리 최소화

3. 수종에 의한 분류

① 활엽수종
- 낙엽식물은 온대 기후지역의 주요 식물들이다.
- 사계절 다른 특성을 가진다. 가을에 낙엽이 진다.

② 상록수종
- 연중 유지되는 침엽수의 잎은 보통 매우 어둡고, 성장이 빠르다.
- 지속적인 차폐가 가능하여 프라이버시 확보에 유리하다.
- 큰 가지들이 땅에 닿으면 방풍림의 역할을 충실히 할 수 있다.
- 에너지 절약을 고려하여 방풍림의 역할을 할 수 있도록 건물의 북쪽이나 북서쪽에 식재한다.
- 여름 오후의 낮은 고도의 태양을 차단한다.

[그림 5-58 활엽수 특성]

[그림 5-59 상록수 방풍림]

4. 배식의 기본패턴

(1) 정형 식재

① 단식 식재
- 가장 중요한 위치에 식재하는 경우에 적용한다.
- 예를 들면 건물 현관의 중앙, 직교축의 교점 등 중요한 지점에 양감이 있는 정형수를 독립적으로 1그루를 심는 경우이다.

② 일대 식재 : 좌우대칭 기법을 활용한다.

③ 일렬 식재
- 동형, 동종을 일정한 간격으로 일렬로 심는 것을 말한다.
- 간격이 좁으면 수목 상호 간의 관련성이 있어 보이고, 후방의 차폐효과도 높아진다.
- 수관이 접하도록 심으면 폐쇄성이 최대가 된다.
- 서로 다른 수형이나 수종을 엇갈리게 심어 리듬감을 준다.

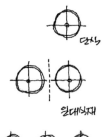

[그림 5-60 정형 식재]

④ 교호 식재
- 등간격으로 엇갈리게 심는 것을 말한다.
- 일렬식재의 변형으로서 식재공간의 폭을 증가시킬 때 사용된다.

⑤ 집단 식재(군식)

집단적으로 심는 방식으로 MASS로 하여 양감(Volume)을 부여할 수 있다.

(2) 자연 풍경식 식재

① 부등변 삼각식재
- 크고 작은 3그루의 수목을 상호 부등간격으로 식재하는 것을 말한다.

② 랜덤 식재
- 형상, 규격, 식재 간격이 일직선으로 나란히 되지 않도록 무작위로 식재하는 방법이다.
- 부등변 삼각형 식재를 기본으로 하여 그 삼각네트를 순차적으로 확대하는 것이 좋다.

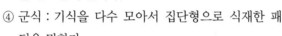

③ 기식 : 4그루 이상의 나무로 하나의 식재구성 단위를 만드는 수법이다.

④ 군식 : 기식을 다수 모아서 집단형으로 식재한 패턴을 말한다.

[그림 5-60 정형 식재]

⑤ 주목 : 경관을 지배하는 수목을 말하며, 주목에 의해 경관의 성격을 특징지우게 된다.

⑥ 배경식재 : 주목을 더욱 돋보이게 하는 데 사용되는 기법이다.

(3) 자유식재

① 뚜렷한 형식을 갖지 않는 자유형식의 식재기법을 말한다.

② 기본패턴으로는 폐쇄형, 번개형, 아메바형, 절선형 등이 있다.

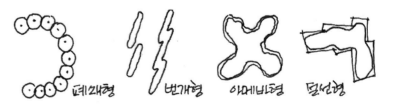

[그림 5-62 자유식재]

5. 식생

식생은 중요한 대지계획의 요소이다. 대지계획에서 식생은 이용하는 것은 의장적인면, 장식적인 면, 기능적인 면 등의 의미를 갖는다. 식생은 지속적으로 성장하고 변화한다. 식생이 생존하고 번성하고 위해서는 적당한 토양, 태양광 및 바람에의 노출, 적정온도, 습기 및 영양소를 필요로 한다.

① 공간의 한정
- 옥외에서는 공간의 한정이 미묘하다. 교목이나 관목은 실제로는 어느 구역을 둘러싸지 않으면서도, 수직적인 위요감을 제공할 수 있다.
- 활엽교목은 여름철에 공간감을 분명히 제공한다.
- 밀집 배치된 교목은 수평적인 위요감이나 천장의 역할을 한다.
- 식재는 차폐의 역할을 함으로써 프라이버시를 보호할 수 있다.
- 공간으로 유도하기 위하여 식재를 이용하기도 한다.
- 교목은 건물을 시각적으로 연결시킬 수 있다.
- 차폐를 위한 식재로는 상록수가 효과적이다.

② 환경조절
- 식생은 환경을 온화하게 만드는 것 중의 하나다.
- 교목은 태양광과 바람을 차단한다.
- 교목 및 기타 식재는 침식, 지표수 및 침수를 조절하는데 도움을 준다.
- 교목은 소음을 흡수하여 저감시킨다.

· 수목에 의한 전망

· 수목에 의한 프라이버시

· 시각적 연결

[그림 5-63 공간의 구성]

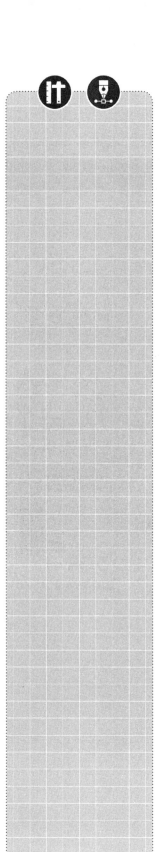

③ 미관
- 교목을 적정하게 선정하고 배치시킴으로써 좋은 환경이 만들어진다.
- 교목은 자연상태에서와 같이 군집시켜야 하며, 너무 규칙적으로 배열하거나 멀리 떨어지게 배열하여서는 안 된다.
- 도시환경을 따라 일정한 간격으로 줄지어 배열하는 것은 가능할 수 있다.
- 작은 교목 및 관목은 대지를 소구역으로 세분하고, 다양한 대지요소들을 시각적으로 연결하고, 통로나 도로를 한정한다.
- 지피식물은 공간이나 지표면을 한정하고, 토양 및 습기를 보유한다.
- 교목이나 기타 식재는 경관을 구성하는 데 사용될 수 있다.

· 자연상태 군집   · 규칙적인 군집

[그림 5-64 군집식재]

05. 환경계획

1. 친수공간계획

대지내의 이용자들이 쉽게 접근·이용할 수 있는 친수공간을 조성하기 위해서는 공원과 수변의 네트워크화가 요구되는바, 이는 다음과 같은 계획기법의 사용을 통해 가능하다.

① 하천의 스케일을 살리고, 수량을 확보, 수질의 향상, 수로의 다양성, 생태계의 유지를 고려한다.

② 하천을 따라 식목 공간을 마련하고, 주위 자연과의 연속성을 고려하여 하천에 면하여 공원 녹지 및 건물 출입구를 배치한다.

③ 수변공간을 조망할 수 있는 장소를 마련하여 놀이 및 휴식시설을 배치하고 접근로를 설치한다.

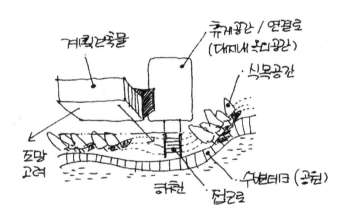

[그림 5-64 수변공간계획]

④ 동·식물의 서식공간을 조성하여 고향을 느낄 수 있는 분위기를 연출한다.

⑤ 지역의 문화적·역사적 가치가 있는 환경을 보존·재생시킨다.

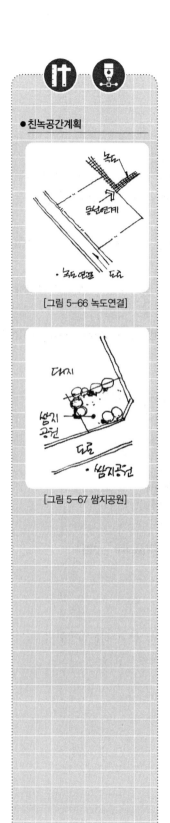
2. 친녹공간계획

여유있고 쾌적한 자연 및 주거환경을 조성하기 위해서는 일상생활속의 친숙한 공원녹지 체계의 구축 및 푸르름이 충만한 도시녹화의 추진이 필요하며, 이를 위한 계획기법은 다음과 같다.

① 공원녹지의 그린 네트워크화를 통해 녹지 및 생물자원을 유기적으로 연결하고 주민의 이용권을 확대한다.

② 공원녹지 기능의 다양화를 위해 역사 · 문화 · 시간 · 등의 주제(Theme)를 설정한다.

③ 생태통로의 조성을 통해 야생동식물의 서식공간을 상호 연결시킨다.

④ 쌈지공원의 조성을 위해 공공용지 및 도로변 짜투리땅을 이용하고, 가로의 녹화를 위해 가로수대 및 전정(前庭)공간을 녹화한다.

⑤ 표토를 활용하여 지력의 유지 및 토양오염의 정화를 도모한다.

⑥ 향토 야생수목의 활용을 통해 획일적인 수목경관을 탈피하고 지속적인 유지관리 및 하자발생률을 저감시킨다.

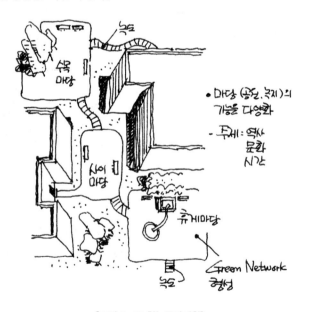

[그림 5-65 친녹공간계획]

06. 용도별 배치계획 및 사례

1. 주거시설

[1] 대지분석

(1) 도로조건

① 2면 도로에 접한 대지가 1면 도로에 접한 대지보다 좋다.(전면으로 진입, 주차 등의 계획에 유리)

② 1면도로(남측)인 경우
- 앞 대지의 건물이 도로폭과 함께 떨어져 있어 일조가 유리하다.
- 주택의 전면을 보며 현관으로 진입한다.
- 주차로 인해 정원이 침해된다.

③ 1면도로(북측)인 경우
- 앞 대지에 건축물이 있으면 일조에 불리하다.
- 주택의 후면을 보며 현관으로 진입한다.
- 주차로 인한 정원의 침해는 없다.
- 평면계획상 남측 1면 도로보다 유리하다.

④ 대지와 접한 도로의 폭은 1면이 8m, 또는 6m가 좋다.(8m 이상의 도로는 교통량이 많고, 4m 도로는 폭이 좁다.)

(2) 방위 및 조망

① 일조, 통풍, 지반조건으로 신선한 공기 풍부한 일광을 받는 건강에 좋은 대지로서 광선은 물리적·화학적 영향이 크고 일조 통풍은 건강의 최대 조건이다. 또 밝고 따뜻함은 정신위생상 배려되어야 할 조건이다.

② 건축물의 전체 방위는 남쪽을 제외하고는 동쪽 18°이내, 서쪽 16°이내로 처리한다.

(3) 주변환경 분석

① 주변의 소음원이 있는 경우 수목들을 이용하여 차음, 차면을 계획한다.

② 인접건축물에서의 프라이버시 확보를 위하여 동간의 이격거리 확보, 측벽에 의한 배치, 차폐식재 등을 활용한다.

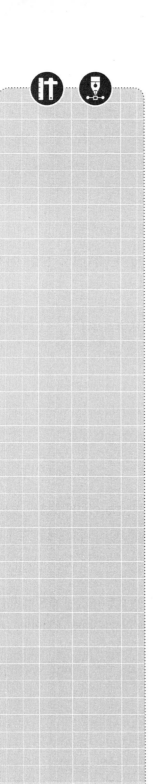

(4) 대지의 구배 및 지반조건

① 부지의 형태는 직사각형이 계획이나 배치에 가장 이상적이다. 이때 장변과 단변의 비는 1:1.5 정도가 좋고 고저차는 1/10 이내의 남향으로 경사진 구배가 적당하다.

특히 남북폭보다는 동서폭이 긴 것이 유리하고, 폭이 10m 이하이면 평면계획에 어려움이 많고, 남북폭이 10m 이하인 대지는 남쪽으로의 정원 확보가 거의 불가능하다.

② 지하수, 표토, 지반조건이 양호할 것. 연약지반은 부동침하의 원인이 되고 지하수질이 나쁘거나 표토조건이 좋지 못하면 생활에 어려움이 많다.

[2] 토지이용계획 및 동선계획

① 일반적으로 북쪽은 인동간격이 있으므로 중소주택에서는 동쪽 또는 서쪽에 도로가 있는 것이 뜰의 프라이버시와 효율이 좋다. 현관을 동이나 서쪽에 설치하여 어프로치에는 식목이나 나무울타리로 차폐가 가능하다.

② 배치계획시 건물형태와 함께 정원의 위치, 형태가 고려되어야 한다.

[3] 배치 및 조경계획

대지의 넓이, 형, 도로관계, 인지(隣地)관계 등을 고려하여 배치계획을 한다.

① 남북 간의 인동 간격 : 일조 및 채광 조건으로 결정된다.
- 일조 : 동지 때를 기준으로 하여 최소 4시간(6시간이 이상적) 이상 확보하므로서 주택의 인동 간격을 결정하는 중요 요소를 일컫는다.
  - 일조 확보를 위해서 남쪽 공지가 필요하며, 전면 건물 높이의 2배 이상 띄어 배치한다.
  - 남쪽으로 배치를 못할 경우에는 동쪽으로 18°, 서쪽으로 16° 이내에 배치한다.
- 채광 : 대지경계선과 동간거리를 확보함으로써 각 세대의 채광을 고려한다.

② 동서간(측면)의 인동 간격 : 방화 및 통풍조건으로 결정된다.
- 통풍 : 대지에 대한 주풍향을 고려한다.
- 방화 : 연소 방지상 최소 6m 이상 이격한다.

③ 정원과 건물은 면적비의 균형을 고려한다.
  이론적으로는 대지면적 : 건물면적=3 : 1

④ 옥외 가사 작업 공간(Utility area)을 고려한다.

⑤ 장래의 화장에 따른 증축 문제를 고려한다.

● 발췌 : 설계경기 47

설계 : (주)나우동인+서린

⑥ 현관과 대문의 관계 및 출입에 대하여 고려한다.

⑦ 차고, 현관, 도로와의 관계를 고려하며, 주차에 대한 검토가 필요하다.

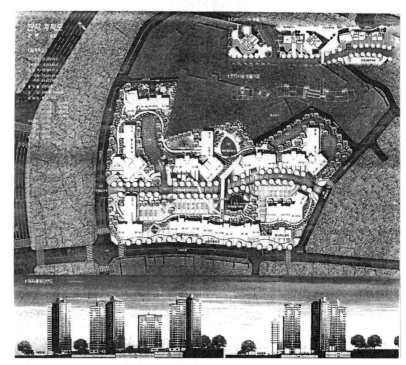

[그림 5-68 신암 2-3지구 공동주택]

2. 업무시설

[1] 대지분석

(1) 도로조건

① 1층 및 기준층으로의 접근성에 유의한다.

② 보행자의 출입이 많은 주도로에서 보행자의 주출입을 유도한다.

③ 2면도로를 갖는 대지의 경우 차량 및 보행자의 출입이 적은 부도로에서 차량의 진출입구를 설치한다.

(2) 방위 및 조망

① 서측 또는 북측에 코어(편심코어 형식의 업무시설)를 배치하여 에너지 절약적 배치를 유도한다.

② 가로변으로의 시야를 중시한 배치를 고려한다.

(3) 주변환경 분석

① 주변의 소음원, 혐오시설 등에서의 이격거리 확보 및 적절한 차폐식재를 고려한다.

② 밀집 상업지역 내에서의 프라이버시에 대한 대책을 고려한다.

(4) 대지의 구배 및 지반조건

① 대지의 경사도를 활용하여 지하주차장 경사로의 길이를 최소로 계획한다.

② 대지의 경사도 방향에 따른 주진입 출입구 위치 설정에 주의한다.

③ 토질의 상태에 따른 건축물의 구조계획 및 옥외공간 구성을 고려한다.

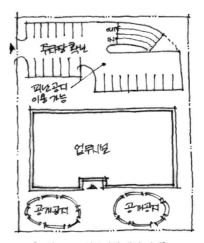

[그림 5-69 업무시설 배치 사례]

●발췌 : 설계경기

설계 : (주)관 건축사사무소

[2] 토지이용계획 및 배치계획

① 도심지에서는 건축법적인 요인인 대지를 한정하게 되므로 건축선의 적합 여부를 1차적으로 검토한다.

② 도로에 의한 높이제한, 일조사선제한과 같은 도심지의 일반적 법적 한계에 의하여 건축가능 영역과 옥외공간 가능영역을 구분한다.

③ 공공영역(공개공지, 쌈지공원, 침상형 쌈지공원), 건축물, 사적영역(주차장, 이용자를 위한 옥외공간 등)의 구분에 의한 적절한 토지이용계획

④ 지하층의 환경개선을 고려한 선큰가든은 남측 또는 동측에 설치하되 드라이 에어리어의 위치는 통풍이 가능한 곳은 임의의 위치에서도 가능하다.

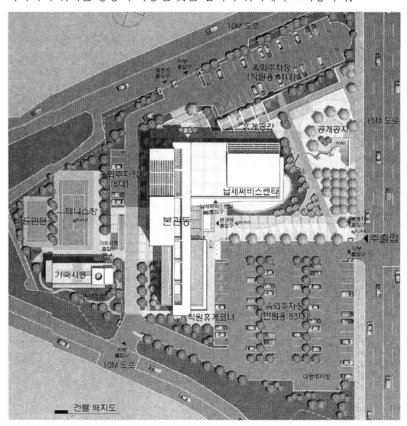

[그림 5-70 안양세무서 청사]

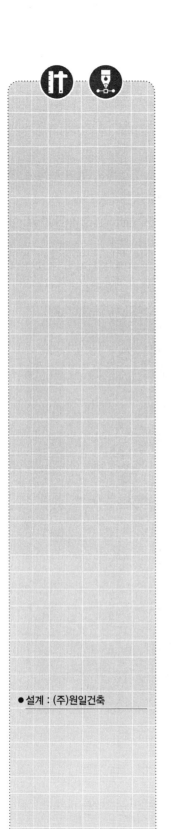

● 설계 : (주)원일건축

3. 연수시설

[1] 대지분석

(1) 도로조건

① 보행자와 차량의 동선분리에 주의한다.

② 대지 주변 현황을 고려하여 주차장의 진출입구를 설정한다.

(2) 방위 및 조망

① 교육 및 숙박시설은 남향배치를 고려하되 일부 공간은 동향배치도 검토될 수 있다.

② 일부공간은 방위와 더불어 조망을 배려하여야 하며 가시각을 고려하여 순차적 배치를 검토한다.

③ 외부에서 건축물을 바라보는 시야, 건축물에서 외부를 바라보는 시야 등을 고려한 배치계획이 되도록 한다.

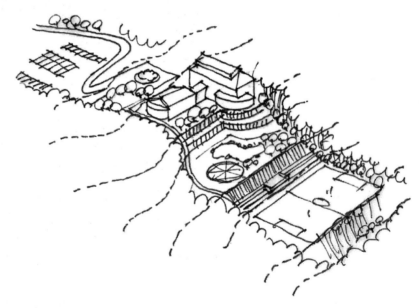

[그림 5-71 한바다 연수원]

(3) 주변환경 분석

① 조망, 소음, 일조, 접근성 등에 대한 분석 및 적용을 검토한다.

② 인접 공공녹지로의 접근로를 검토한다.

(4) 대지의 구배 및 지반조건

① 지형상황을 고려해서 건물의 건축장소를 결정한다. 예를 들어 경사지의 경우, 경사면에 따라 세우거나, 등고선을 따라 세우는 등의 문제를 고려해서 배치를 결정한다.

② 배수처리를 고려하면 저지대에 운동장과 같은 옥외공간을 계획하고 고지대에 연수동, 교육동과 같은 건축물을 계획하는것이 유리하다.

③ 유기질토양, 성토층과 같이 건축물의 하중을 지지하기 곤란한 지반에는 옥외공간을 계획하고 안정된 지반에 건축물을 계획한다.

[2] 토지이용계획 및 배치계획

① 도로를 기준으로 공적공간(Public Space), 반공적 공간((Semi-Public Space), 사적공간((Private Space)의 순차적 배치가 일반적 기준이 된다.

② 교육시설과 숙박시설의 사용자 모두가 편리하게 이용가능한 위치에 후생동을 계획한다.

③ 중앙광장과 같은 매개공간은 대지의 중심축에 계획하여 각 건축물로의 접근성을 고려한다.

④ 다목적동은 지역주민의 개방성을 고려하여 주도로에 근접하여 계획한다.

⑤ 야외학습공간은 교육동에서의 접근성을 고려한다.

⑥ 증축을 고려시 건축물의 전·후면과 같은 채광창 방향이 아닌 측면에서 증축되도록 한다.

[그림 5-72 전통불교 문화산업 지원센터]

4. 학교시설

[1] 학교시설의 분류와 특징

① 일반 교실, 특별 교실, 관리부분의 3군으로 구성한다.

② 3가지 기능을 한 동으로 할 것인지 각각으로 또는 어느 하나를 분동시키고 2군을 하나로 하는 방법 중 선택할 것인지를 분석한다.

③ 같은 군 내에서 어떻게 기능을 세분화시키는가도 중요하다.

   (즉, 특별 교실군 내에서도 소음이 발생하는 교실과 그렇지 않은 교실, 물을 쓰는 교실과 안 쓰는 교실 등의 식으로 기능을 세분화한다.)

[2] 교지(校地)계획

(1) 교지의 구성

① 교지의 구성은 교사부지가 30~50%를 점하고 있고, 교사의 층수에 따르지만 연면적 대비 2~3배의 교지가 필요하다.

② 교지의 약 절반이 옥외 스페이스가 되지만, 그 내용은 운동장뿐 아니라 옥외학습공간으로서 교실로 쓰이는 테라스, 안뜰, 놀이 정원 등의 옥외 공간에 의해 구성된다.

(2) 교사의 필요면적

① 초등학교에서는 200~250m²/학급, 중학교에서는 250~300m²/학급이 적당하다.

② 교사, 옥외운동장의 면적 이외에 교사 주변의 놀이공간, 잔디, 정원 등의 환경 구성에 필요한 면적으로 20~30% 정도를 더 확보하는 것이 바람직하다.

(3) 옥외운동장

① 교사부지와 분리하여 계획한다.

② 초등학교의 경우는 저학년용과 고학년용으로 나눈다. 저학년용은 놀이터를 고려하여 놀이시설 등을 설치한다.

③ 중·고등학교에서는 트랙 운동장을 비롯한 각종 경기용 공간의 확보가 필요하다.

④ 트랙의 계획 시에는 외부시설의 위치를 감안하여 그것을 위한 필요면적을 확보한다.

[3] 교사(校舍)의 배치

(1) 북측 교사

① 일자형 교사 : 북측으로 교사를 한 줄로 배치하고 남측
으로는 옥외 운동장을 배치한다. 교사주변의 환경이 단
조로워 교사 북측의 대지를 유용하게 이용하기가 어렵
다.

② 분산 병렬형 교사 : 일종의 핑거 플랜(Finger Plan)의 형
식으로 볼 수 있다. 북측에 교사를 2열로 배치하고 남측
으로 옥외 운동장을 배치하는 형식으로, 교사 주변의 환
경 조성이 가능하다.

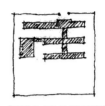

[그림 5-73 분산병렬형]

(2) 서측 교사

① 서측에 교사를 배치하고 동측에 옥외 운동장을 배치하는
형식이다.

② 교사는 핑거 플랜의 형식을 하는 경우가 많다.

(3) 남측 교사

① 남측에 교사를 배치하고 북쪽으로 옥외 운동장을 배치하
는 형식이다.

② 일조 문제상 가장 많이 채택되며, 대지를 효율적으로 이
용이 가능하다.

③ 교사는 핑거 플랜형이 되는 경우가 많다.

(4) 폐쇄형 교사

① 운동장을 둘러싸는 형식으로 L자형이나 ㅁ자형으로 배
치하는 형식이다.

② 교사의 배치는 북측 중심 배치와 남측 중심배치가 있다.
체육관과 교실군으로 둘러싸인 경우가 많다.

[그림 5-74 폐쇄형]

③ 대지를 효율적으로 활용하는 이점이 있으나, 화재 및
비상시에 불리하고, 일조 · 통풍 등 환경조건이 불균등
하다.

또한 운동장에서 교실에 전달되는 소음이 클 뿐만 아니
라, 교사주변 대지를 활용하지 못하는 결점이 있다.

(5) 클러스터(cluster)형 교사

① 교육구조상 팀 티칭 시스템(Team Teaching System)에 유리한 배치형식이다.

② 중앙에 학생이 중심적으로 사용하는 부분을 집약시키고 외곽에 특별교실을 두어 동선의 원활을 기할 수 있다.

[그림 5-75 클러스터형]

(6) 집합형 교사

① 교육방식에 따라 유기적 구성이 가능하다.

② 동선이 짧아 학생 이동성이 양호하다.

③ 물리적 환경이 좋고 시설물을 지역사회에서 이용하게 하는 다목적 계획이 가능하다.

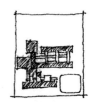

[그림 5-76 집합형]

[4] 배치계획 시 유의사항

① 이미지의 차별화와 통일을 꾀하는 공간 : 학년별 구분, 저·고학년의 구분 혹은 학교 전체의 이미지 단일화로 일체감을 얻을 수 있는 계획을 한다.

② 자연을 살리는 계획 : 대지내 경사지의 녹지활용 등 자연환경을 살리는 계획을 한다.

③ 주변환경과의 조화 : 학교가 주변환경으로부터 독립되어 부조화되지 않도록 주변의 맥락에 대한 배려를 고려

④ 방위 : 각 교실, 체육관, 옥외 운동장은 남향일 때 일조, 통풍이 양호한 환경을 얻을 수 있다.

⑤ 공해를 줄이는 계획 : 주변의 공해(도로, 공장 소음, 일조, 건물로부터의 시선 등) 및 인근에 미치는 공해(그늘, 소음, 시선, 모래먼지 등)을 충분히 고려한다.

⑥ 학교 개방을 고려한 계획 : 옥외 운동장, 옥내 체육관, 각종 코트, 풀 등은 지역 주민에게 개방될 수 있도록 한다.

⑦ 어프로치 : 어프로치 시 교사나 체육관, 옥외운동장 등 전체가 파악될 수 있도록 한다. 승강구나 현관을 알기 쉬운 위치에 계획한다.

⑧ 옥외 운동장 : 각종 체육실기, 특별교육 활동, 놀이, 운동회 등이 행해지며, 강당이 없는 경우 전체 조회가 행해지기도 한다. 교사와 운동장 사이에는 나무를 심거나 교사의 배치방법에 의해 운동장과 교사를 시각적으로 차단하는 것이 좋다. 필요한 크기의 트랙 및 코트 수를 확보하고, 일조와 통풍이 잘되는 위치에 잡는다. 그리고 단시간에 전교생이 출입을 할 수 있도록 배려한다.

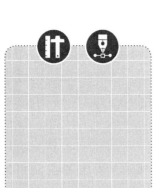

⑨ 동선의 분리 : 서비스동선과 다른 동선은 분리한다.

사람과 자전거, 자동차의 동선이 혼란하지 않도록 분리하고 필요시설과 연계되도록 한다.

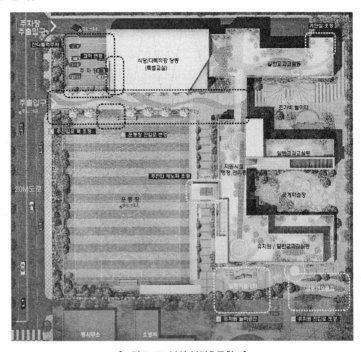

[그림 5-77 부산 북명초등학교]

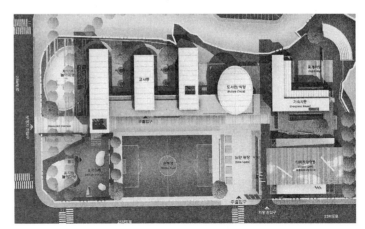

[그림 5-78 대구 뉴만 국제학교]

● 발췌 : 설계경기

설계 : (주)건정종합건축사사무소

● 발췌 : 설계경기

설계 : (주)심이건축사사무소

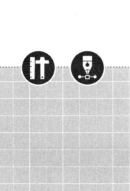

5. 전시시설

[1] 대지분석

(1) 도로조건 및 접근

① 주도로에서 일반관람자의 진입을 유도하며 부도로에서 차량 및 관리, 서비스 등의 진입을 검토한다.

② 하역공간으로 이어지는 서비스 차로를 계획하며 가능한 한 일반주차장의 차로를 가로 지르지 않도록 계획한다.

③ 주변의 공공시설로의 접근로를 계획한다.

(2) 방위 및 조망

① 전시시설은 일반적으로 인공조명에 의하므로 특별히 방위를 고려하지 않아도 무방하나 휴게실, 학예 연구원실 등은 일조를 고려한 방위를 검토한다.

② 휴게실, 식당, 메이저 스페이스 등은 시각적 녹색환경의 조망을 반영한다.

(3) 주변환경 분석

① 인접대지에 공영주차장이 있을 경우는 계획대지 내의 주차장의 위치에 영향을 준다.

② 주변의 환경분석을 통하여 옥외전시장, 건축물의 형태 및 위치, 진입구 등을 결정한다.

[2] 토지이용계획 및 배치계획

① 전시시설의 배치 계획에 있어서는 건물과 환경을 어떻게 조화시키느냐가 문제가 된다. 주변환경에 대해 폐쇄 또는 공간을 개방하여 자연환경을 내부공간으로 적극적으로 끌어들이거나 또는 외부환경을 건물에 순응시켜 건물과 환경의 관계에 변화를 준다.

② 평면적으로나 입체적으로 적합한 공간을 확보하고 본관의 증축 가능성과 특히 수장고 증축 가능성은 처음부터 고려해 두는 것이 바람직하다.

③ 주차장의 면적을 충분히 확보하여야 하며, 도심지의 박물관인 경우는 고층 건축도 고려해볼 만하다. 그러나 일반적으로 화재, 진애(Dust), 소음에서 격리된 공원의 한 구획에 계획되는 경우가 많지만 그 경우는 대지 조닝(Zoning)을 고려하여 앞 정원과 주차 스페이스 및 서비스 야드, 중정(안뜰), 주위의 환경을 해치지 않도록 계획한다.

● 발췌 : 설계경기

설계 : 희림건축+도시인건축

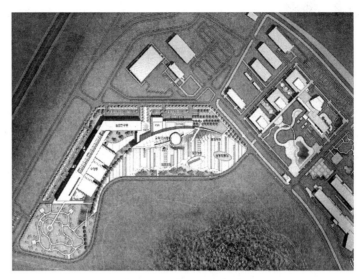

[그림 5-79 국립생물자원관]

6. 문화시설

[1] 대지분석

(1) 도로조건 및 접근

① 관객, 연기자, 종업원의 주보행 동선을 분리 계획하며 관객은 주도로에서 주진입을 유도한다.

② 물품의 하역을 고려하여 부도로에서 서비스차로를 계획한다.

(2) 방위 및 조망

공연장 및 전시장은 일조 및 조망을 반영하지 않아도 좋으나 교육, 도서등의 커뮤니티 관련시설은 일조 및 조망을 고려하여 배치한다.

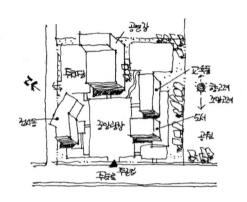

[그림 5-80 집합형]

(3) 주변환경 분석

① 상시시설인 문화, 교육시설은 인접대지의 공공시설에 근접배치한다.

② 공공시설에서 계획대지 내로의 진입을 고려한다.

③ 인접대지의 주차장과 계획대지의 주차장을 근접계획한다.

[2] 토지이용계획 및 배치계획

① 상시적 공간(문화, 교육시설)과 한시적 공간(공연, 체육시설)의 기능적 분리 및 연계를 고려한다.

② 2개의 시설군의 분리는 보행자몰, 로비, 아트리움 등의 형성에 의해 분리한다.

③ 일반적으로 Mass의 크기가 요구되는 한시적 시설의 영역을 설정한 후 한시적 시설의 영역을 설정하는 것이 유리하다.

④ 옥외 휴게공간이 건축물로의 주진입동선에 의해 간섭을 받지 않게 계획한다.

⑤ 건물내부의 휴게공간과 상호 관련성 있는 외부 휴게공간을 근접 배치한다.

⑥ 적합한 옥외 휴게공간 계획과 조경계획을 세워 둔다.

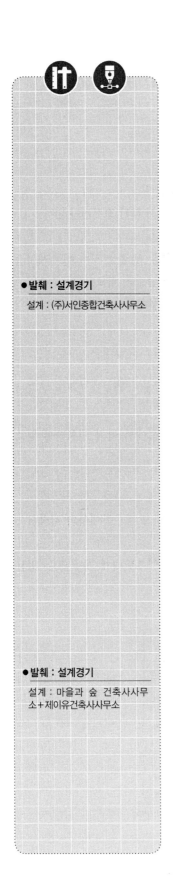

● 발췌 : 설계경기

설계 : (주)서인종합건축사사무소

● 발췌 : 설계경기

설계 : 마을과 숲 건축사사무소+제이유건축사사무소

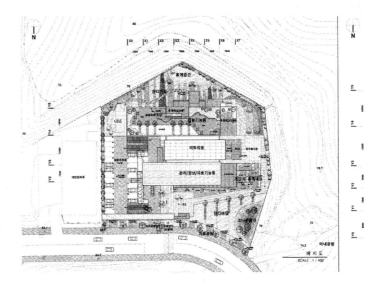

[그림 5-81 성남시 구미동 도서관]

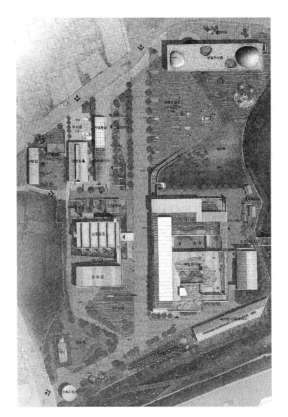

[그림 5-82 안양 복합문화관]

7. 병원시설

[1] 대지분석

(1) 도로조건 및 접근

① 대지로의 진입로는 일반용과 서비스용의 2개소로 한다.

② 노선버스를 구내로 진입시킬 경우 정류장은 출입구에서 약간 떨어져야 한다.

③ 대지 내에서는 보도와 차도를 분리한다.

④ 주차장은 먼저 병원 소유차량, 구급관계 차량, 반입·반출용 차량의 스페이스를 확보하여 외래용의 주차장, 오토바이, 자전거보관소를 확보한다. 주출입구 앞이 자동차로 채워지지 않도록 정면에 주차장을 설치하지 않도록 하는 등의 배려가 필요하다.

(2) 방위 및 조망

① 병동부는 일조 및 조망을 최대한 반영하며 외래진료동은 주도로에서의 접근성을 우선시한다.

② 의사 및 직원의 숙소가 별도로 계획될 경우는 주도로에서 이격 배치하며 일조 및 조망을 최대한 반영한다.

(3) 주변환경 분석

① 유해환경(소음원, 시각적 저해요인)의 여부를 파악하고 병실동에서의 시각적·공간적 차폐를 고려한다.

② 도시축을 고려하여 랜드마크적 요소를 반영하며 지역주민에게 개방될 수 있는 시설물로의 접근성을 반영한다.

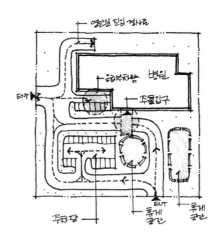

[그림 5-83 병원 배치 사례]

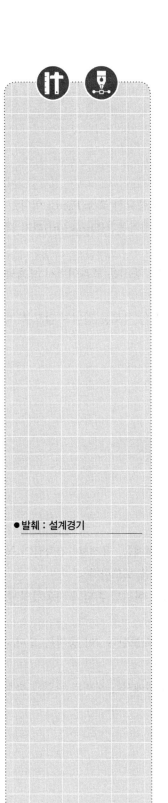

●발췌 : 설계경기

[2] 토지이용계획 및 배치계획

① 외래객과 입·퇴원자의 출입구는 가능하면 분리한다. 방문객의 출입구는 입·퇴원자와 같아도 된다.

② 구급부문의 입구는 외래자와는 별도로 설치하지만 구급차 이외에도 택시나 자가용차로 올 수 있도록 알기 쉬운 위치에 설치한다.

③ 서비스용의 출입구는 후면으로 하고 대형차에 의한 작업공간을 확보한다.

④ 병동 또는 영안실에서 나오는 시체는 다른 동선과 교차되지 않도록 한다. 특히 입원, 외래환자의 눈에 띄지 않도록 한다.

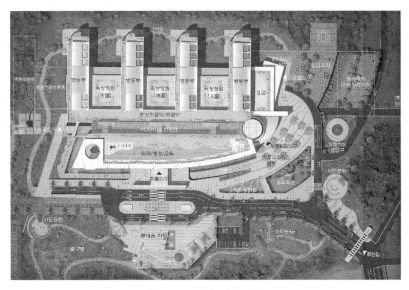

[그림 5-84 병원 배치 사례]

8. 호텔시설

[1] 대지분석

(1) 도로조건 및 접근

① 도로의 조건은 건축물로의 접근성과 정면성 부여의 중요한 요소(Factor)이다.

② 주도로에서 차량동선을 자연스럽게 현관로비 앞의 정차공간(Drop Off)까지 끌어들인다.

③ 2면도로 이상시 숙박 이용객과 연회객 손님을 위한 동선은 프라이버시 보호를 위하여 분리계획 한다.

④ 서비스 출입은 부도로에서 유도하며 숙박객 주차장의 차로를 건너지 않도록 계획한다.

(2) 방위 및 조망

① 시티호텔은 도로로의 정면성과 남향을 고려한다.

② 리조트호텔을 계획할 때는 조망과 일조를 고려한다.

[2] 토지이용계획 및 배치계획

(1) 도시형 호텔

① 지가가 높아 협소한 대지에 세우는 경우가 많고, 건폐율, 용적률, 건축물의 높이 등 법 규제를 충분히 활용하여 토지의 고도 이용을 도모한다.

② 도로현황이나 사람, 자동차의 교통상황을 고려하여 현관의 손님과 자동차의 출입, 식료품이나 식품의 반출입에 문제가 없도록 한다.

③ 식재나 주차공간을 고려하여 건물 주변에 공지를 확보한다. 이 공지는 도시의 경관형성 및 비상시 피난 공간의 역할을 할 수 있다.

④ 객실이나 로비에서의 조망을 고려한다. 대규모 호텔에서는 로비와 관련된 중정이나 저층 옥상에 정원 등을 계획한다.

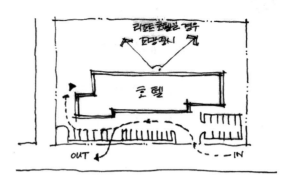

[그림 5-85 호텔 배치 사례]

(2) 리조트형 호텔

① 대지는 비교적 넓기 때문에 현관 앞의 광장, 주차장, 정원의 계획을 고려한다.

② 건축물의 위치와 출입구(객용 및 종업원용)는 도로에서 현관의 접근이나 물품의 반출입을 고려하여 결정한다. 이 경우, 사람과 자동차의 동선은 교차하지 않도록 하여 자동차의 출입이 조망을 해치지 않도록 한다.

③ 객실의 조망, 채광, 통풍, 프라이버시를 고려한 건물의 평면형, 층수를 결정한다. 평면형이 L형, ㄷ자형, 병렬형일 때는 꺾인 부분과 건물의 간격에 주의한다.

④ 잔디와 테니스 코트 등 스포츠시설을 정원계획의 일환으로 계획하는 경우, 부속시설과 소음에 대해 충분히 고려한다.

⑤ 자연경관을 고려한 배치계획을 한다.

9. 공장시설

[1] 대지분석

(1) 도로조건 및 접근

① 생산존(zone)이 대지의 중심에 넓게 차지할 수 있도록 직각으로 교차되는 주구 내 도로를 결정한다.

② 재료의 반입, 생산품의 반출동선을 분리한다.

③ 견학자 동선을 고려한다.

④ 물품의 이동, 사람의 이동, 에너지의 이동, 정보의 이동 등을 최단 동선으로 하면서 원활하게 한다.

(2) 주변환경 분석

① 장래의 확장을 충분히 고려하여 주구 내 도로를 따라 되도록 주생산동의 스판(span)에 맞춰 모듈구획을 작성한 후, 이에 맞춰 건물을 정연하게 배치한다.

② 소음, 진동, 매연, 유독가스 등으로 인근에 피해가 발생하지 않도록 한다.

③ 외부환경과의 조화를 도모한다.

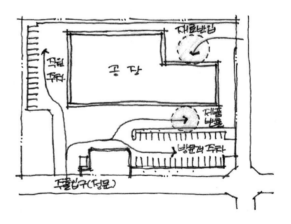

[그림 5-86 공장 배치 사례]

[2] 토지이용계획 및 배치계획

(1) 배치계획시 유의사항

① 원료 및 종류에 따라 그 배치하는 계통을 합리화하도록 도모한다.

② 동력의 종류에 따라 그 배치하는 계통을 합리화하도록 도모한다.

③ 생산, 관리, 연구, 후생 등의 각 부분별 시설을 명쾌하게 나누고, 유기적으로 결합시킨다.

④ 대공장에서 여러 종류의 작업이 포함되는 경우, 가장 주요한 작업을 가장 중요한 위치에 둔다.

⑤ 장래의 확장을 충분히 고려하여 주구 내 도로를 따라 되도록 주생산동의 스판(span)에 맞춰 모듈구획을 작성한 후, 이것에 맞춰 건물을 정연하게 배치한다.

(2) 증축계획시 유의사항

공장건축에서는 반드시 증축, 확장에 대비한 계획을 수립해야 한다.

① 공장설계시 전체 마스터 플랜을 반드시 하여야 증축이 용이하다.

② 마스터 플랜이 불분명할 경우에는 부지의 일부에 가건물을 세운다.

[그림 5-87 DMC 도시형 공장]

07. 체크리스트

(1) 대지의 종합적 분석

① 건축가능영역 및 옥외공간의 계획범위는 파악하였는가?

② 대지경계선 및 시설물 주변에 요구된 조경공간의 소요폭은 확인하였는가?

③ 대지내 수목, 공동구, 암반, 기존 시설물 등의 제한사항을 분석하였는가?

④ 대지의 지형과 토지의 활용성은 고려되었는가?

(2) 주변환경의 분석

① 도로에 의한 동선의 체계는 적절한가?

② 보행자 전용도로에서의 접근은 고려하였는가?

③ 공원과의 연계는 적절한 위치 및 폭을 고려하였는가?

④ 문화재 등의 보호조건을 고려하였는가?

⑤ 프라이버시를 보호해야 하는 조치를 취하여야 하는가?

⑥ 조망 등의 시지각 환경을 극대화시켜야 하는가?

(3) 시설물 배치계획

① 시설물은 각론에 따른 배치를 고려하였는가?

② 각론과 다르게 해석되는 특수 조건을 반영하여 계획하였는가?

③ 시설물 간의 인접 등의 연관성을 반영하였는가?

④ 시설물 배치시 일조 및 음영에 의한 이격조건을 반영하였는가?

⑤ 건축물 연결시 브리지 등의 입체적 조건을 고려하였는가?

⑥ 대지 지형의 레벨 차이에 의한 시설물의 접근을 고려하였는가?

⑦ 지하층이 입체적으로 고려되어야 하는 건물 위치는 적절한가?

⑧ 주변환경에 적절한 기능을 고려하여 시설물을 배치하였는가?

⑨ 시설물간의 조망에 대한 사항은 반영하였는가?

⑩ 기능이 순차적인 동선에 의해 이루어지는가?

⑪ 건축물은 에너지 절약을 고려하여 배치하였는가?

(4) 옥외공간계획

① 옥외공간은 적절한 크기로 계획되었는가?

② 중앙광장은 매개공간의 역할을 다하도록 구성하였는가?

③ 옥외공간의 성격에 따라 수목의 포함 여부를 판단하였는가?

④ 옥외공간은 음영에 의한 제한사항을 고려하였는가?

⑤ 주차장은 적절한 건물과 연계되도록 하였는가?

(5) 동선계획

① 보·차 분리를 명확히 하였는가?

② 주도로에서 보행자를 위한 보행동선은 계획하였는가?

③ 교차로에서 적정 이격된 부도로에서 차량동선을 계획하였는가?

④ 대지로의 출입동선에 대한 특수 요구조건이 있는가?

⑤ 주접근로의 동선은 위치 및 폭 등이 적절한가?

(6) 조경계획

① 활엽교목은 남측에 식재하여 에너지 절약을 고려하였는가?

② 침엽수림의 식재는 북서풍에 의한 에너지 절약을 고려하였는가?

③ 경관수목은 조망을 고려하여 배치되었는가?

④ 공간의 분할을 반영한 조경식재가 되었는가?

⑤ 프라이버시를 보호하는 식재를 계획하였는가?

⑥ 기존의 식재 및 수공간은 보호하였는가?

(7) 배치계획

① 에너지 절약에 따른 축은 고려되었는가?

② 친환경을 고려한 시설물 배치가 이루어졌는가?

③ 기능적 관계를 명쾌하게 반영한 배치계획인가?

④ 이용자들의 이동성, 사용성 등이 고려된 배치계획인가?

(8) 답안작성의 체크사항

① 요구시설물은 모두 표기하였는가?

② 시설물의 범례는 반영하였는가?

③ 동선은 명확히 표현하였는가?

④ 주요 치수는 표기하였는가?

⑤ 제시된 표기 내용은 만족하였는가?

③ 익힘문제 및 해설

01. 익힘문제

익힘문제 1. 구립문화회관 배치계획

(1) 배치 시설물

① 대지의 크기 : 99m×91m

② 다목적 강당 : 35m×20m (H : 10m)

③ 후생동 : 35m×20m (H : 20m)

④ 종합교육관 : 35m×15m (H : 20m)

⑤ 보행마당 : 700m²

⑥ 주차장 : 35m×35m

⑦ 운동마당 : 700m²

⑧ 휴게마당 : 700m²

(2) 설계 주안점

① 일반주거지역이며 정북방향으로 건축물 높이의 1/2 이상 이격

② 다목적 강당은 각 도로에서의 접근성 고려하되 주도로에서의 인지성 확보

③ 다목적 강당과 후생동은 폭 3m의 연결다리 고려

④ 종합교육관은 교통소음 저감대책 고려

⑤ 보행마당은 도로의 보행자에게 24시간 상시 개방 가능한 공간으로 계획하되 접근성 반영

⑥ 20m 도로와 동측의 구청사는 동선연계를 고려함

⑦ 운동마당은 후생동과 인접배치하되 보행마당에서의 간섭을 최소화하도록 함

⑧ 주보행도로는 폭 8m, 부보행도로는 폭 5m 이상

⑨ 시설물은 대지경계선에서 5m 이상 이격(보행마당은 제외)

⑩ 시설물 사이 조경공간은 폭 2m 이상

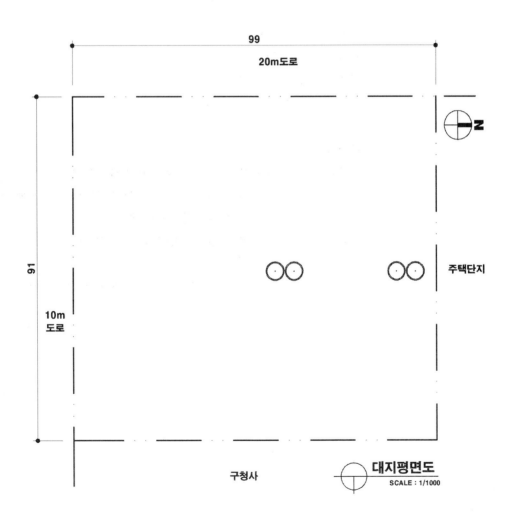

익힘문제 2. 중소기업 연수원 증축계획

(1) 배치 시설물

① 대지의 크기 : 94m×91m

② 숙박동 : 35m×15m (H : 15m)

③ 후생복지동 : 35m×20m (H : 18m)

④ 교육동 : 35m×15m (H : 18m)

⑤ 옥외 보행광장 : 700m²

⑥ 주차장 : 37m×35m

⑦ 옥외 휴게공간 : 950m²

⑧ 옥외 운동공간 : 700m²

(2) 설계 주안점

① 후생복지동은 도로에서의 접근성 고려하되 인지성 확보

② 옥외 휴게공간은 숙박동 및 교육동에서의 접근성 고려하며 주보행로에 연결

③ 옥외 보행광장은 15m 도로의 보행자에게 개방 고려

④ 건축물 동간의 이격거리는 건축물 높이의 1/2 이상 확보

⑤ 주보행도로는 폭 8m 이상

⑥ 시설물은 대지경계선에서 5m 이상 이격(옥외 보행광장은 제외)

⑦ 조경공간은 폭 2m 이상

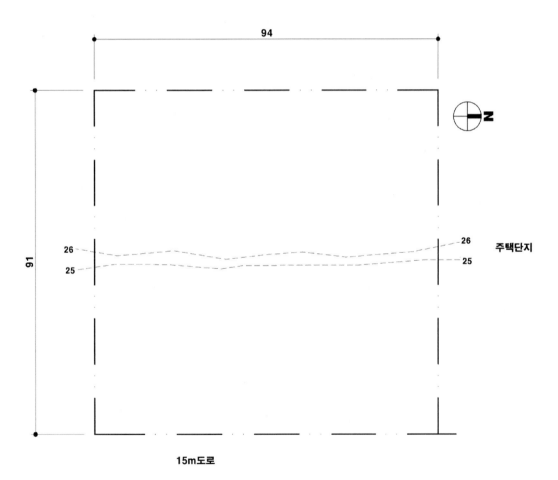

대지평면도
SCALE : 1/1000

02. 답안 및 해설

답안 및 해설 1. 구립문화회관 배치계획 답안

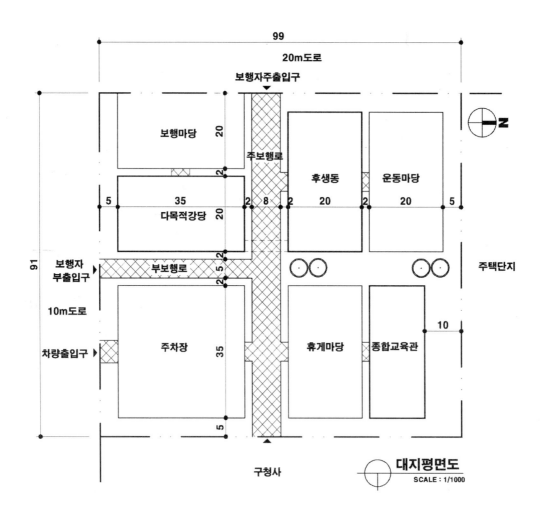

구청사

대지평면도
SCALE : 1/1000

답안 및 해설 2. 중소기업 연수원 증축계획 답안

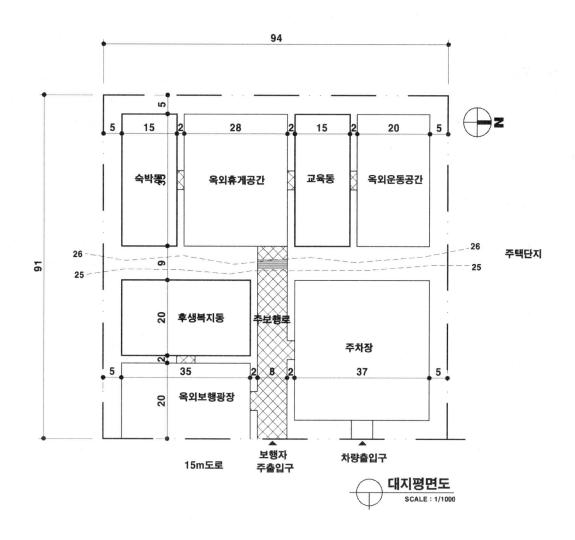

④ 연습문제 및 해설

01. 연습문제

연습문제 향토문화복합단지 배치계획

1. 과제개요

OO도시의 향토문화 계승과 발전을 위한 향토문화복합단지를 계획하고자 한다. 다음 사항을 고려하여 시설을 배치하시오.

2. 대지조건

(1) 용도지역 : 준공업지역

(2) 주변현황 : 〈대지 현황도〉 참조

3. 계획조건 및 고려사항

(1) 계획조건

① 단지 내 도로

- 주보행로 : 너비 6m 이상
- 보 행 로 : 너비 3m 이상
- 차　　로 : 너비 6m 이상 (경사도 1/8 이하)

② 건축물(가로, 세로 구분 없음)

- 관리지원센터(3층, 30m×15m)
- 전시관(2층, 36m×15m) : 작품 전시 및 판매
- 체험관(3층, 36m×15m)
- 다목적강당(2층, 38m×30m) : 소극장
- 교육관(3층, 30m×15m)
- 문학관(3층, 27m×18m)
- 도서관(3층, 30m×15m)

③ 옥외시설

- 옥외마당
  - 전시마당(280m² 이상) : 외부전시 및 체험공간이며 폭8m 이상
  - 문학마당(21m×21m)
  - 잔디마당(1,200m² 이상) : 행사, 공연 및 휴게 공간
  - 진입마당(330m²) : 다목적 강당 진입공간

- 주차장
  - 주차장 A : 37대(장애인 주차 4대 포함)
  - 주차장 B : 16대(장애인 주차 2대), 교육관 및 문학관 이용 고려
  - 주차장 C : 13대(장애인 주차 2대), 다목적강당 지하층(층고 4m)에서 연결

    주) 1. 주차단위구획 2.5m×5.0m
    　　2. 장애인 주차단위구획 3.5m×5.0m

(2) 고려사항

① 주보행로는 15m 도로와 기숙사 및 게스트하우스 공간을 연결하며, 필요시 다리설치가 가능하다.

② 전시관은 외부에서 가장 용이하게 접근할 수 있는 곳에 배치한다.

③ 관리지원센터, 교육관 및 문학관은 문학마당과 연계하여 배치한다.

④ 교육관의 1층에는 필로티(폭 12m)를 설치하며 보호수림대로 열리도록 한다.

⑤ 체험관, 도서관 및 다목적 강당은 잔디마당과 연계하여 배치한다.

⑥ 문학관과 도서관은 기숙사 및 게스트하우스에서 접근이 용이한 곳에 배치한다.

⑦ 차량과 보행동선은 분리한다.

⑧ 건축물, 옥외시설 및 단지 내 도로는 인접대지와 도로, 공공녹지경계선으로부터 5m 이상의 이격거리를 확보한다.

⑨ 건축물 상호간은 9m 이상 이격거리를 확보한다.

⑩ 건축물과 옥외시설, 옥외시설 상호간은 6m 이상의 이격거리를 확보한다.(단, 진입마당과 건축물 상호간은 예외로 함)

⑪ 건축물 둘레의 적절한 곳에 너비 2m 이상의 화단을 조성한다.

⑫ 지형조정은 적절히 하되 조정된 경사도는 1/1이하로 하고 배수로는 고려하지 않는다.

⑬ 주보행로 및 보행로의 경사도는 1/15 이하이며, 보행로에 계단을 설치할 경우의 경사도는 1/2 이하로 한다. 단, 계단 표현은 생략한다.

4. 도면작성요령

(1) 모든 건축물과 옥외시설에는 명칭, 크기, 계획레벨 및 이격거리를 반드시 표기한다.

(2) 건축물 외곽선 및 지형 조정선은 굵은 실선으로 표시한다.

(3) 단지 내 도로는 실선으로 표시한다.

(4) 각 건축물은 2개소 이상의 출입구를 표시한다.

(5) 기타 표시는 〈보기〉를 따른다.

(6) 단위 : m

(7) 축척 : 1/1200

〈보기〉

주보행로/보행로	
조경 · 수목	
건축물 출입구	▲
주보행로 출입구	⬆
옥외마당	

5. 유의사항

(1) 답안작성은 반드시 흑색 연필로 한다.

(2) 명시되지 않은 사항은 현행 관계법령의 범위 안에서 임의로 한다.

<대지 현황도> 축척 없음

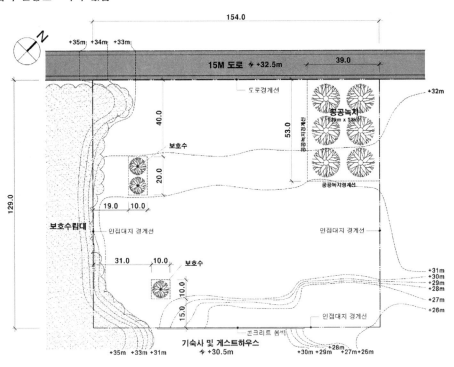

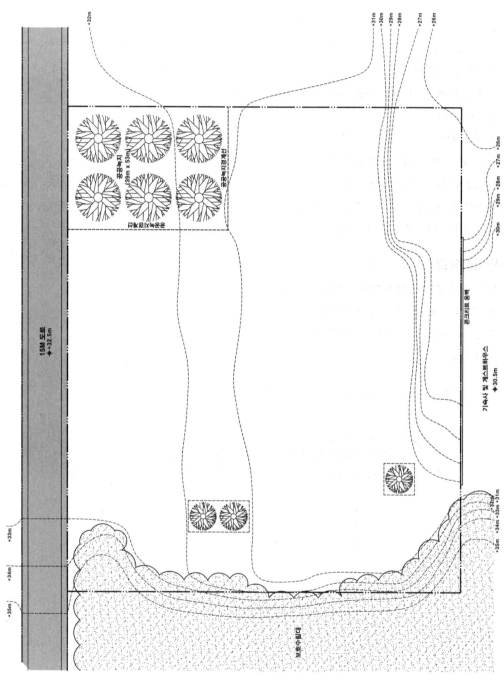

+32m

+31m +30m +29m +28m   +27m   +26m

공공녹지
(39m x 53m)

운동장지역경계선

+26m

+27m

+28m

+29m

+30m

운동장지역경계선

콘크리트 옹벽

15M 도로
+32.5m

기숙사 및 게스트하우스
+30.5m

+33m

+34m

+35m

보호수림대

+32m +31m
+33m
+34m
+35m

배 치 도

SCALE : 1/1200

02. 답안 및 해설

제목 : 향토문화복합단지 배치

(1) 설계조건분석

▷ 향토 문화복합단지 배치

1. 향토문화복합단지
2. 준상업지역
3.

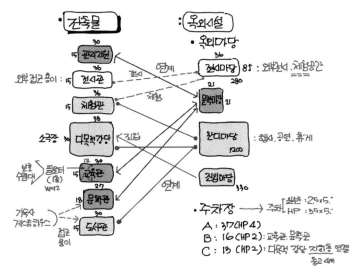

:기타

- 이격 ┌ 9m : 건축물 상호간
  - 5m : 건축물 옥외시설, 단지내도로 ↔ 인접대지, 도로, 공공녹지
  - 6m : 건축물 옥외시설 ↔ 옥외시설 (예외 : 진입마당 ↔ 건축물)
  - 2m : 화단 - 건축물 둘레 적절한 곳

- 지형조정 ┌ 절성토 ┌ 조정 경사도 1/1
  │   └ 배수로 배체
  └ 주보행로, 보행로 : 1/15 이하
    계단 설치시 1/2 이하
    (계단 표현 생략)

(2) 대지분석

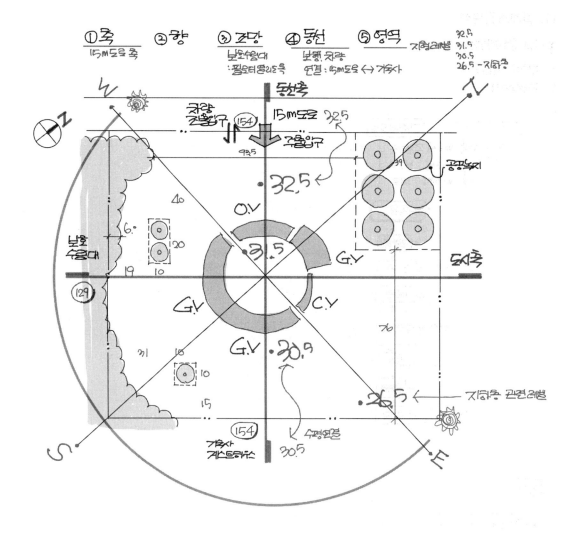

(3) 토지이용 계획

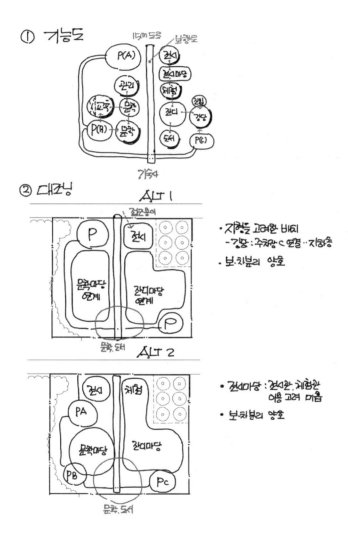

① 기능도

② 대겨닝

ALT 1

- 지형을 고려한 배치
  - 강당 : 주차장ㄴ 연결 ·· 지참증
- 보·치붐의 양호

ALT 2

- 전시마당 : 전시관, 체험관
  이용 고려 미흡
- 보·치붐의 양호

(4) 배치계획

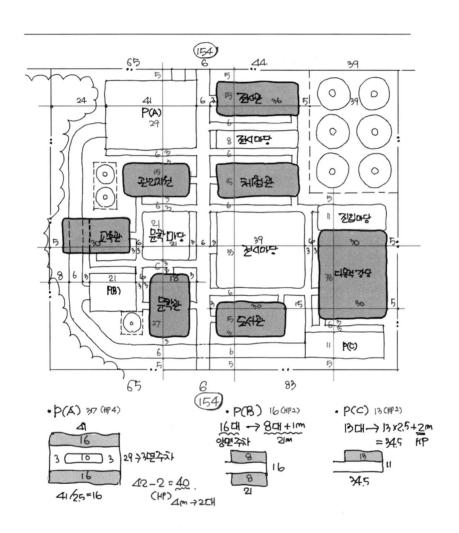

(5) 지형계획

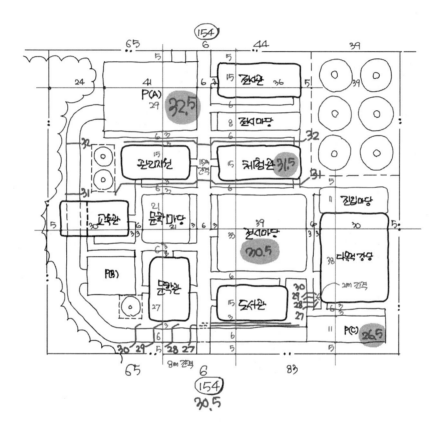

(6) 답안분석

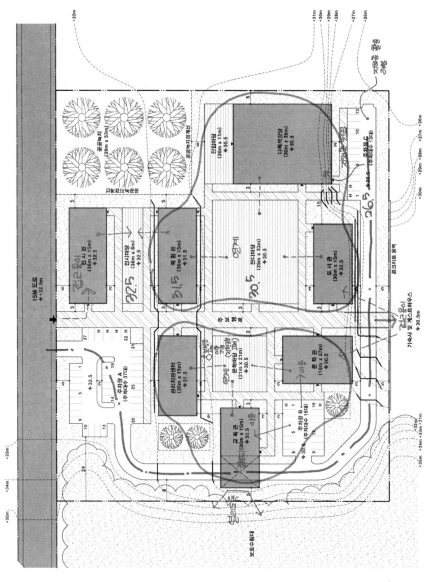

배 치 도
SCALE : 1/600

(7) 모범답안

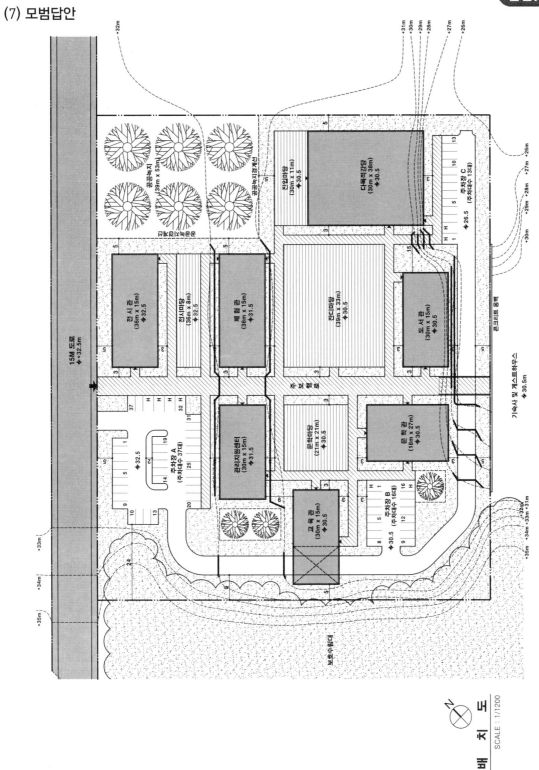

건축사자격시험대비 **대지계획**

발행일 2010년 1월 10일 초판 발행
2012년 2월 01일 1차 개정
2013년 1월 10일 1차 개정 2쇄
2014년 1월 05일 2차 개정
2015년 2월 10일 2차 개정 2쇄
2017년 2월 01일 2차 개정 3쇄
2019년 1월 01일 3차 개정
2020년 1월 05일 3차 개정 2쇄
2020년 10월 30일 3차 개정 3쇄
2022년 5월 20일 3차 개정 4쇄
2023년 4월 30일 3차 개정 5쇄
2024년 4월 15일 4차 개정

저자 김영훈 · 김보근 · 원미영
김보선 · 정선교

발행인 정용수

발행처   예문사

주소
경기도 파주시 직지길 460(출판도시) 도서출판예문사
TEL: (031)955-0550/FAX: (031)955-0660

등록번호 제11-76호

정가 27,000원

ISBN 978-89-274-5426-7 13540